トヨタ流開発設計のススメ

設計マネジメントの教科書

中山聡史

新鋭のコンサルタントが分かりやすく解説

日経BP

はじめに

本書は、トヨタ流設計マネジメントの教科書です。トヨタ自動車が行っている優れた設計マネジメントを基に、多くの企業が実践できるように体系化しました。

読者には、開発設計部門で設計マネジメントを担う管理者はもちろん、マネジメントを受ける側の設計者も対象としています。本書を読めば、設計の正しい進め方と、設計におけるマネジメントの重点ポイントが分かります。

狙いは、開発設計の効率を高めることです。実際、トヨタ自動車は設計マネジメントを、生産性を高めるために活用しています。設計者が１人で行う仕事量に対し、例えば３人で取り組めば仕事量は３倍ではなく、それを超える仕事量になります。ただし、そこにしかるべきマネジメントを施さなければ、チームを組んで設計しても期待された仕事量は得られません。本書で示す正しい設計マネジメントの内容を実践すれば、より少ない人数でより大きな成果を得られます。

本書は７つの章で構成されています。第１章は、現状の設計プロセスと間違った設計マネジメントについて解説しています。実は、正しい設計マネジメントを行っている会社は少ないというのが実態です。そのため、いきなり設計マネジメントの理想的な姿（あるべき姿）から解説しても、十分に理解できずに消化不良に終わってしまうケースがあります。そこでまずは、現状の設計プロセスと設計マネジメントにおいて、どこが間違っているのかを把握するところから始めます。

これを踏まえて、第２章は、あるべき設計プロセスとマネジメントのポイントについて解説します。第１章で把握した間違っている点を課題と捉え、それを解決するためにどうすべきか、何をすべきかを説明します。すなわち、設計マネジメントとして進むべき方向を示した章となります。

続いて、第３章ではトヨタ流設計マネジメントの全体像を解説します。第２章で示した設計プロセスとマネジメントのあるべき姿を踏まえ、そこから具体的な手段について全体像を紹介します。ここでは、設計マネジメントのあるべき姿とトヨタ流の設計マネジメントを分けています。これは、あるべき姿はトヨタ自動車であろうと他社であろうと変わらないのですが、トヨタ自動車の設計マネジメント方法を具体的な例として捉えているからです。あるべき姿を受けて、では、どのようにマネジメントしたらよいかを理解するには、具体的な方法を示さなければ設計マネジメントを実践できません。そこで、トヨタ自動車を例として取り上げ、その設計マネジメントの全体像と具体的な進め方とを解説します。

第４章以降は、具体的な設計マネジメントの方法や手段を解説していきます。まず、第４章では設計部門方針を取り上げます。開発設計部門において設計者に設計業務を進めてもらう際には、最初に部門の方針という大きなベクトルを設定する必要があります。それについて具体的に説明します。設計部門方針とは、個々の技術／製品について開発設計を実際に進めるか否か、進める場合は、いつからスタートするかなどを決めるものです。

次に、第５章は実務における進捗管理・コントロール（難易度設定も含む）です。第４章で設計部門方針が決まったので、それにのっとって具体的な開発設計案件を進めていきます。複数の開発テーマがあるため、それらに難易度を設定し、設計者の能力を考慮しながら、各設計案件の進捗管理を行います。その具体的な方法について説明します。

続いて、第６章はマネジメントに有効な設計品質ツールについて解説します。ここからは開発設計に入ります。開発設計において品質を確保するために、品質設計ツールを使います。それらを設計者に使ってもらいながらマネジメントするポイントを解説します。

設計品質ツールは８つあります。①設計書（設計仕様書）、②QFD（品質機能展開）、③ DRBFM（故障モードに基づく設計審査）、④ CAE、⑤ FTA（故障の木解析）、⑥ DR（設計審査）、⑦検図、⑧モジュール化です。

①の設計書は、設計方針を示したものです。個々の設計者によって設計の方向性や内容が変わらないようにするためには、これが必要不可欠です。

②の QFD は、目標となる性能および品質を定めるためのもので

す。製品のユニットごとに目標性能・目標品質を設定するために必要となります。

③の DRBFM は、変化点および変更点を捉えて、リスクを正しく抽出するためのものです。設計の手戻りややり直しを防ぐために活用しなければなりません。

④の CAE は、シミュレーションツールです。評価検証を繰り返し行い、設計の妥当性を確認して、試作レスを実現するために使用します。

⑤の FTA は、要因解析ツールです。評価に問題が発生した場合に原因を追究するために必要となります。

⑥の DR は、設計審査です。設計の問題点を解決するために活用します。問題の未然防止であり、問題を後工程に流さないためのゲート（関所）となります。

⑦の検図は、図面において品質が確保されているか否かを確認するものです。設計の最終アウトプットである図面が正しいかどうかを確認するために必要不可欠なものとなります。品質や性能において間違った製品を造らないための「最後の砦《とりで》」です。

⑧のモジュール化は、設計効率を最大化するためのものです。設計において流用設計しやすい構成にする方法です。

そして、第 7 章は設計者の教育体系です。ここで設計者の育成方法を示します。現在の企業では、設計者教育がほぼゼロに等しいと言っても過言ではありません。OJT（オン・ザ・ジョブトレーニング）に依存し過ぎており、十分な育成ができていないというのが現状です。こうした状況から脱却し、どれだけ体系的に設計者を教育できる仕組みをつくるかが重要となります。そうしないと、大切な技術を伝承することができません。トヨタ自動車の開発設計が優れているのは、「企業は人なり」の言葉を信じて、設計者の教育に力を入れているからに他なりません。

　ぜひ本書から設計マネジメントの考え方と方法を学び、貴社の開発設計のレベルを飛躍的に高めてほしいと思います。

中山聡史

contents

第1章

現状の設計プロセスと間違った設計マネジメント

第1章 現状の設計プロセスと間違った設計マネジメント

1.1 現場で起きている間違った設計マネジメント

1.1.1 進捗「監視」

設計マネジメントを担う管理者は、設計者の進捗管理をどのように実施すべきでしょうか。実は、進捗管理と言いながら、進捗を「監視」するだけになっているケースが目立ちます。こうした管理方法では設計者のモチベーションが下がってしまい、設計部門の能力を最大化することができません。

では、具体的に「進捗監視」とはどのような状況でしょうか。ある企業の進捗監視の一例を示しましょう。

A設計課長：出図納期は1週間後だが、順調か？

A設計者：はい、順調に進んでいるので大丈夫です。

A設計課長：よし、それではそのまま進めてくれ。

——1週間後——

A設計課長：今日が出図納期だな。図面を提出してくれ。

A設計者：実は……。問題が発生し、本日中に完成できそうにありません。

A設計課長：なぜもっと早く言わないんだ！　仕方がない。とにかくみんなで手伝って完成させよう。

A 設計課長のこうしたマネジメントこそ典型的な進捗監視です。

進捗監視とは納期を管理しているだけ。納期までに発生すると予測される問題や発生している問題に対し、何の策も打っていない管理のことを指します。これでは先の例のように、納期ギリギリになっても図面が出来ていないと、最悪の場合は納期遅れとなってしまいます。

つまり、進捗監視では設定された期限に提出物や図面、部品などが納品されるか否かの確認しかしません。従って、仮に期限1日前に図面が出来ていなくても、設計者が徹夜で完成させて納期さえ守れば、「問題なし」となる管理方法なのです。果たしてこれをマネジメントと呼べるでしょうか。そう呼んでいるとしたら、設計マネジメントを担う管理者として失格と言わざるを得ません。

ところが、現実にはこうした状況に陥っている組織をしばしば目にします。A 設計者と A 設計課長の先の会話から、マネジメントの問題点を挙げると以下の通りです。

①「順調に進んでいる」という認識が設計マネジメントを担う管理者と設計者でずれている
②設計マネジメントを担う管理者は納期しか確認しておらず、問題の発生の有無（可能性も含む）を検討していない
③設計内容の進捗を確認していない

特に①の「認識のずれ」は、後に大きな問題につながる可能性があります。設計マネジメントを担う管理者と設計者との間で、アウトプットのイメージや設計の進め方などがそろっていないと、認識のずれは容易に発生してしまいます。

では、あるべきマネジメント方法である進捗管理とはどのようなものでしょうか。進捗管理とは、期限までにどのような能率で仕事をしてもらうかを設定した上で、その予定が順調に進んでいるかどうかを確認する管理方法のことです。期限当日に完成したかどうかではなく、期限に至る過程を重視し、期限までにどれくらいの日程で、どれくらいの時間をかけるかをマネジメントするのです。

設計者によって能力は異なるため、設計に必要な時間は変わってきます。そのため、設計者ごとに、設計を進める目標工数を設定しなければなりません（目標工数を設定するためには、ある一定の能力以上の設計者が設計した場合の標準時間を決める必要があります）。設計者はその目標工数に向かって設計を進めていきます。しかし、設計を進めていくと、さまざまな問題に突き当たります。そのときは先輩や上司に教えてもらいながら進めていきます。問題を解決するために要するこうした時間も、目標工数の中に含めておかなければなりません。設計マネジメントを担う管理者は、設計者がどのような点でつまずくかをある程度予測しながら目標工数を設定しなければならないのです。

ここで、進捗管理の会話の例を示します。

B設計課長：出図納期は1週間後だが、計画ではXのアセンブリーまで完了しているはずだ。どうかね？

B設計者：Xアセンブリーは完了しているのですが、Yで干渉が発生しているのでその検討を進めています。
B 設計課長：（Y の干渉は B 君で十分に解決できるな。）分かった。Y の干渉であれば、出図納期に遅れることはなさそうなので、頑張ってくれ。
B 設計者：分かりました。問題が発生したらすぐに相談します。

このように、納期に対して現在どのような問題が発生しているのかをヒアリングしていくことがマネジメントの本質です。その問題から難易度を想定し、設定した工数で完了が可能かどうかを予測していきます。予測にはある程度の経験が必要ですが、マネジメント層の設計者であれば、申し分ない予測能力を持っているでしょう。

また、設計者は納期までの工数を見ながら、自分だけでは解決が難しい場合や時間がかかるような場合は、すぐに上司に相談しなければなりません。こうしたコミュニケーションによって、あるべきマネジメントが実現します。

1.1.2　技を盗め！

かつては、ベテラン設計者の設計ストーリーや設計している場面で「図面などからノウハウを盗め（学び取れ）」とよく言われていました。もちろん、ベテランから技やノウハウを盗むこと自体は悪いことではありません。しかし、現在は技やノウハウを盗むだけでは一人前の設計者にはなれません。今、求められている製品は複雑で高度なさまざまな機能が搭載されているため、図面を見ただけでは全ての技やノウハウを理解することができないからです。そのため、「技やノウハウを盗め」というのは、今の若い設計者にとっては酷な指導方法です。

図面にはさまざまな技術ノウハウが含まれています。しかし、多くの設計者はそれを解読することなく流用します。その結果、技を盗むどころか、重要な技術ノウハウを理解しないうちに製品が完成してしまう可能性があります。また、内容をしっかりと解読しないまま流用することにより、図 1-1 のように問題が解決されていない状態をそのまま引き継ぎ、同じ問題を繰り返してしまう可能性も出てきます。

企業内の技術ノウハウは、まとまった形で整理されていなければなりません。データベースのような形でまとまっていることにより、設計者は必要なタイミングでそのノウハウを調べることができ、これから設計する案件にどのように活用すべきかを考えることができます。また、そのデータベースの使い方を教育するといったOFF-JT（オフ・ザ・ジョブトレーニング。通常の業務現場から離れ、別途時間や場所を設けて実施する教育のこと）の仕組みも必要です。「設計ノウハウ書を読んで理

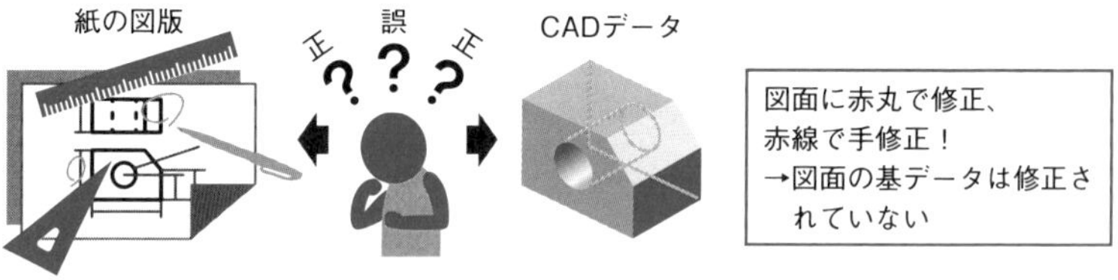

A設計者：この図面は、実績もあるし、あのベテランが書いた図面だから、そのまま流用しても大丈夫のはず。課長よろしいですか？（朱書きの図面を使用せず、元データの図面を使用してしまう）

A課長：もうあのベテランさんは退職しているし、とりあえず信じてみようか。
→結果、根拠のない図面を使用し、不具合を再発させてしまう

図 1-1 ●根拠のない自信による流用設計
（作成：筆者）

解しておけ」と命じるのも「技を盗んで一人前になれ」と命じるのと同様に乱暴な教育方法です。

A 設計者：過去の製品を見ても、変更してよい部分と変更してはいけない部分の見分けがつかないな。まあ、とりあえず必要な部分を変更しておくか。
―― 出図後 ――
A 製造者：もしかして、この部分を変えてしまうと本来の性能が得られないのでは？　大丈夫かな……。

こうした教育方法では、製造段階で目標品質や目標性能を満たせなかったり、組み立てられなかったりする問題が発生する可能性があります。コア技術に関わる部分で、本来変更してはならないところまで変えてしまうといったことも起きかねません。しっかりと技術ノウハウをデータベースにまとめるとともに、計画的に若手設計者を教育していくことが現在求められている仕組みなのです。

データベース化できていないことによって発生する問題は他にもあります。それは、ベテラン設計者の退職により、技術ノウハウが分からなくなってしまうという問題です。先ほども解説したように、図面だけから技術ノウハウを理解しようとしても限界があります。

ハードウエア設計であればその公差はどのような考え方で設定したのか、ソフトウエア設計であればなぜそのようなシステム構成にしたのか、定数はどのような考え方で設定したのか、などです。このような技

	技術流出内容	割合
技術流出があった割合	①明らかに技術流出した	19.30%
	②恐らく技術流出した	16.50%
	③技術流出なし	60.50%
	④その他	3.60%

約36%の日本企業が技術流出を危惧しています。日本だけではなく、米国や中国へノウハウが流出しています。

図 1-2 ●技術流出があった割合
製造業 357 社にノウハウ流出の実態を調査した結果。(経済産業省の資料を基に筆者が作成)

術ノウハウ（特に技術ノウハウの具体的な活用方法）は、活用できる状態で社内に蓄積していなければ意味がありません。

経済産業省が技術（技術ノウハウ）流出の実態を調査しています（図1-2）。今、日本の企業に起きている技術ノウハウの流出について、具体的な内容を確認してみましょう。

日本企業の約 36 %が技術流出した、もしくはその可能性があると回答しています。大手企業と比べると中小企業では技術流出に対する意識がそれほど高くない傾向があるため、潜在的にはもっと多くの日本企業から技術が流出している可能性があります。

特に、技術ノウハウのデータベースを保有していない企業は要注意です。技術ノウハウのデータベースがないということは、ベテラン設計者の頭の中に技術ノウハウが蓄積されているということです。従って、ベテラン設計者の退職によって技術が自然流出、もしくは自然消滅する可能性がある状態といえます。

流出した技術がどのような内容かを調査した結果が図 1-3 です。最

	流出した技術ノウハウ内容	割合
流出した技術ノウハウ	①中期的な最先端技術	5.70%
	②中期的な基盤技術	31.70%
	③企業内での重要技術	35.00%
	④汎用技術	27.60%

約72%がその企業での重要な技術。さらにその企業が今後発展するために開発した最先端技術や基盤技術が流出しているという状況です。

図 1-3●流出した技術ノウハウの内容
（経済産業省の製造業における技術流出問題に関する実態調査データを基に筆者が作成）

先端技術や基盤技術を開発する企業にとって、将来の売り上げをつくる要素となる技術が流出しているという危機的な状態にあるといます。

流出した場合でも、汎用的な技術に陳腐化するまでには時間がかかるため、流出した技術を手に入れた企業よりも先に商品化・サービス化できれば、先駆者としての利益を享受することができます。しかし、商品化・サービス化するための技術ノウハウや活用方法が社内に蓄積されていない場合は、それも難しいでしょう。加えて、技術ノウハウを保有している人材の流出により、中期的な戦略を実行できなくなる可能性もあります。

技術が流出したルートを調べた結果が図 1-4 です。先ほど技術者の退職によって技術が流出するルートに触れました。それ以上に、リバースエンジニアリングによって技術が流出しています。日本でも以前から実施されているテアダウン手法などにより、リバースエンジニアリングは可能です。ソフトウエアなどもリバースエンジニアリング用のソフトウエアが販売されており、簡単に実行できます。

	流出したルートの内容	割合
流出ルート	①技術者の退職により流出	62.20%
	②リバースエンジニアリングにより流出	71.70%
	③技術データ喪失により流出	52.80%
	④その他	3.10%

流出ルートを複数回答で確認すると、多くはリバースエンジニアリングと技術者の退職となっています。もちろん、「視える化」したノウハウデータが流出してしまうことは大きな問題です。しかし、そもそもノウハウのデータベースがない企業が多いという問題があります。

図 1-4 ●技術ノウハウが流出したルートの内容
（経済産業省の製造業における技術流出問題に関する実態調査データを基に筆者が作成）

従って、企業としてはリバースエンジニアリングができないか、あるいは、それができたとしても設計内容が分からないようにブラックボックス化しなければなりません。このブラックボックス化も 1 つの技術です。従って、ブラックボックス化するための手法や考え方についても技術ノウハウとしてまとめておく必要があります。

ここで、技術（技術ノウハウ）の流出に対する内容をまとめて問題を集約します。

技術ノウハウの流出に関するまとめ

①技術流出の実態

約 36 %もの企業において技術流出が発生している。

②流出した技術ノウハウの内容

流出した技術の約 72 %がその企業において重要な技術である。

③流出ルートの内容

技術者の退職やリバースエンジニアリングにより、技術の流出が発生している。

問題点のまとめ

流出した技術ノウハウの多くは人が持っている（属人化）、もしくは製品を見れば使用している技術が簡単に分かる状態になっています。また、技術流出が発生してる企業の多くは、技術ノウハウの「視《み》える化」がほとんどできていません。従って、いかに流出を防ぎ、リバースエンジニアリングによってブラックボックス化できるかが鍵になります。

では、設計マネジメントと技術ノウハウ（設計ノウハウ）がどのように関わってくるのかを解説していきましょう。設計マネジメントでは、開発設計の進み方やリスクなどを総合的に判断しながらマネジメントしていく必要があります。その際に、設計ノウハウを理解していないとどのようになるでしょうか。

設計者 A：課長、この C アセンブリーに新たな機能を追加する必要があるので、3 年前に開発した Z 部品を追加しようと思います。よろしいでしょうか。

設計課長 A：（え？　そんなことを言われても、Z 部品の開発には関わってないから分からないぞ。）分かった、とりあえず採用してみよう。

―― 試作後 ――

設計者 A：この Z 部品では性能を満たせそうもないな……。

設計課長 A：この部品はダメだ。用途が違いすぎて大幅な設計変更が必要になるぞ。部品の採用検討からやり直しだ。

これではリスクを事前に洗い出すことができません。もちろん、新しい部品を採用する際にリスクを抽出するプロセスを正しく踏めばよいのですが、設計ノウハウについてゼロから調査していく時間はとてもありません。しかし、設計ノウハウがデータベースにまとまっていれば、その技術内容を確認して正しいリスクを抽出できるようになるのです。

設計マネジメントでは、いかに精度の高いリスクを抽出できるかがポイントになります。そのリスクを抽出するために、設計ノウハウをまとめておく必要があることを認識してください。

1.1.3　設計者を苦しめる設計品質ツール（DR、DRBFM、検図）

開発設計では設計品質ツールを活用します。ところが、多くの企業が設計品質ツールに苦しんでいます。設計品質ツールを導入しているものの正しく活用されず、形骸化して、設計者の負担が大きくなっているのです。各設計品質ツールの活用状況を確認してみましょう。

1.1.3.1　DR（デザインレビュー：設計審査）

DR は、「問題の未然防止」のために使用する設計品質ツールです。ところが、問題の未然防止という本来の目的が忘れ去られ、設計者の説明会と化して、その説明内容を全員で聞いた上で問題点を指摘する会になっているケースが多く見られます。しかも、指摘される問題点は、問題を未然に防ぐための内容ではないことがほとんどです。検図で指摘する可能性のある図面の詳細部分だったり、設計内容とは関係のない各部門の利害対立の内容だったりして、本来のDRとは程遠い形になっている企業が目立つのです。こうした説明会になっているDRでは、どのような会話が行われているのでしょうか。

設計者A：Xユニットの評価が完了しました。目標は一部未達ですが、次のような対応策により、目標達成の見込みが……。
設計課長A：ちょっと待って。試作評価時点で目標が未達だからダメだ。やり直し。量産試作段階に移行するまでに、何とかして目標をクリアしてくれ。
設計者A：(見込みの策の説明が終わっていないのに……。) 最後まで説明させてください。見込みの策で問題ないと考えます。量産試作時点で確実に目標をクリアできます。
設計課長A：ダメだ。仮に目標がクリアできなかった場合にどうにもならないし、クリアできる保証はない。
設計者A：分かりました。評価後にDRを再度実施します。

これでは単に評価結果の承認を確認しているだけであり、問題の未然防止について議論できているとはいえません。

以下に、多くの企業で行われている本質から外れたDRの実態をまとめました。自社のDRの状況を思い浮かべて当てはまる項目にチェックしてください。その数によって、自社のDRの性質が分かってきます。

- □設計者が逃げ腰、もしくは好ましくないムード（余計な仕事をやらされる）
- □レビュアー（参加者）が設計者をつるし上げる
- □レビュアーは黙って聞くだけ
- □部門間の利害対立の調整に終わる
- □配布されている資料が理解しにくい（ドキュメントの不備）
- □資料が事前配布されない（当日に説明される）
- □説明会や開発の苦心談に終わる（設計者からの一方的コミュニケーション）
- □議論のための議論（DRに関係ない内容）
- □議題ごとの結論が出ない
- □好ましくない事態や異常事態（リスク）を予測しない
- □計画性が不足（状況対応、出たとこ勝負）
- □DRの目的手法について全員の合意がない
- □対応策についてフォローされない
- □DR終了後のフィードバック（反省）によって改善を重ねない
- □そもそもDRが開催されないことが多い

このチェックシートの評価は次のようになります。

- ・5個未満（ただし改善の余地はあります）→健全なDR
- ・5個以上10個未満→一部改善の必要があるDR
- ・10個以上→仕組みの全改良が必要なDR

5個以上チェックが付いた場合は、DRの仕組みを改良しなければなりません。そうしなければ、いつまでたっても設計者を苦しめるツールのままです。DRは問題の未然防止であることを踏まえると、DRで本来議論しなければならない内容が見えてきます。前記で説明したDRの問題点をまとめて、問題の本質を見ていきましょう。

図1-5を見てください。横軸に参加度、縦軸にプロセスの共有度をとった座標の第1象限に①健全な話し合い、第2象限に②まとまらない、第4象限に③かみ合わない、第3象限に④意見が出ないが配置されています。

①の健全な話し合いは、問題の未然防止の実行ができているDRです。先ほどのチェック項目が5個未満の場合、これに当たります。

②のまとまらないと③のかみ合わないは、ダメなDRの典型です。チェック項目数の5個以上10個未満に相当し、仕組みの改善が必要にな

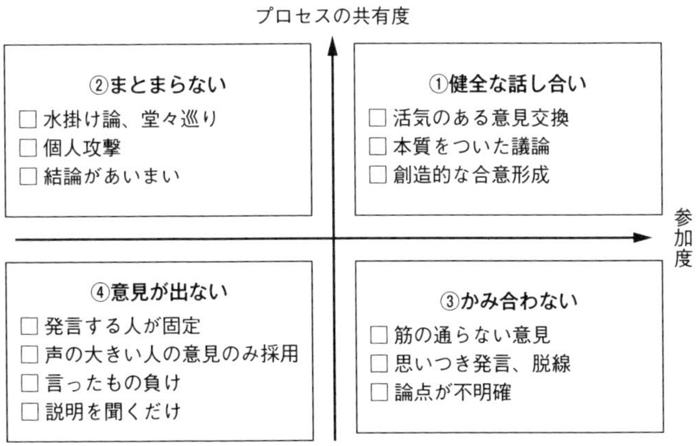

図1-5●プロセスと参加度と共有度
（作成：筆者）

ります。

④の意見が出ないについては、設計者をつるし上げる会になっているDRを開催している、意味のないDRです。チェック項目数の10個以上に当たり、DRの全面的な仕組みの変革が必要です。

1.1.3.2 DRBFM

まずはFMEA（Failure Mode and Effects Analysis；故障モード影響解析）とDRBFM（Design Review Based on Failure Mode；故障モードに基づく設計審査）の定義を確認しましょう。

FMEA

市場での使用方法を確認し、使われ方に対するリスクを未然に抽出する方法です。FMEAは非常に古くからある設計品質ツールで、多くの企業で活用されています。

DRBFM

設計の変更点や条件・環境の変化点に着眼した「心配事項」に関する事前検討を設計者が行った上で、さらにDRを通して、設計者が気づいていない心配事項を洗い出す手法のことです。この結果得られる改善などを設計や評価、製造に反映することにより、問題の未然防止を図ります。

FMEAもDRBFMも問題の未然防止のために使う設計品質ツールですが、多くの企業の実際の活用の仕方を見ると、問題の未然防止に役立つどころか、単に設計上のドキュメントの1つとして利用されています。要は、FMEAやDRBFMを作成して終了といった状態です。

また、作成するタイミングについても正しくありません。FMEAもしくはDRBFMを問題の未然防止に使うということは、設計プロセスの最初の段階（設計する前）に実施しなければなりません。ところが、実際には多くの企業で設計後にドキュメントを提出するために作成されています。

まずは、FMEAから見てみましょう。

[1] FMEAの使い方とその間違い

FMEAの現状の使い方

①流用元FMEAの調査

現在は流用設計（過去に実績のある図面を利用して新たな図面を作成する設計方法）が基本です。従って、流用元で作成したFMEAを探します。流用する部分については過去のFMEAをそのまま流用し、新たな部品やインターフェース部分のみ「故障モードの検討」を行います。

②故障モードの検討

故障モードは、過去のトラブル事例集などから類似する部品やユニットについて不具合を調査し、転記していきます。

③故障の原因調査

故障の原因が過去のトラブル事例集に記載されていれば転記し、他の原因がある場合は追記します。

④故障の影響

顧客に与える影響もトラブル事例集から転記していきます。

⑤影響度×発生頻度×検出度の検討

原因と故障の影響から「影響度×発生頻度×検出度」を記載し、10点満点で評価します。ここで設計者には、対策が必要となる数字以下に抑えるように点数を付けようとする気持ちが働きます。

⑥推奨是正処置

⑤の点数が、ある基準を超える場合のみ是正処置を検討していきます。この時点ではほぼ設計は完了しています。このタイミングでFMEAを作成することになるため、設計段階で検討して織り込んだ内容をFMEAに記載していきます。

⑦ DRでの提出

DRや開発終了段階でFMEAを提出して完了となります。

こうしたFMEAの使い方では品質トラブルを未然に防ぐことはできません。先述の通り、FMEAは問題の未然防止のために実施するものであり、設計業務のドキュメントの1つとして設計で検討した内容をまとめる資料ではないからです。

では、具体的にどの部分の使い方が間違っているのかを確認していきましょう。

FMEAの現状の使い方における間違い

②故障モードの検討

故障モードは、過去のトラブル事例集などから類似する部品やユニットについて不具合を調査し、転記していきます。

⇨ 過去のトラブル事例集からの転記も必要ですが、この方法だけでは、今後発生するかもしれない経験のないリスクを設計者が抽出することができません。市場で発生している不具合の多くは、設計者が経験していない不具合なので、新たなリスクをしっかりと抽出する必要があります。

③故障の原因調査

故障の原因が過去のトラブル事例集に記載されていれば転記し、他の原因がある場合は追記します。

④故障の影響

顧客に与える影響も過去のトラブル事例集から転記していきます。

⇨ 故障モードと同じく、設計者が経験していない原因については記載されません。また、新たな部品やユニットが追加されることにより、故障モードは同様でも新たな原因が発生する可能性があります。故障の影響についても同じことが言えます。新たな部品やユニットの追加によって顧客に与える影響は異なる可能性があるため、故障の影響は過去の影響と同様とは限りません。

⑤影響度×発生頻度×検出度の検討

原因と故障の影響から「影響度×発生頻度×検出度」を記載し、10点満点で評価します。ここで設計者には、対策が必要となる数字以下に抑えるように点数を付けようとする気持ちが働きます。

⇨ 対策が必要にならないように低い点数を付けているとは表立っては誰も言いません。しかし、FMEAの内容を確認していると、結果的に対策しなくてもよいような点数付けがされています。

これではリスクを抽出したことにならない上に、市場で不具合が発生する確率を上げているようなものです。正しい評価指標の下、誰もが正しいと思える点数でなければなりません。

⑥推奨是正処置

⑤の点数が、ある基準を超える場合のみ是正処置を検討していきます。この時点ではほぼ設計は完了しています。このタイミングでFMEAを作成することになるため、設計段階で検討して織り込んだ内容をFMEAに記載していきます。

⇨ そもそもFMEAを作成するタイミングが間違っています。設計を終了した段階で実施しても、設計者には問題のない設計ができているという自負があるため、FMEAを実施したところで設計内容を変更しません。ルールとしてFMEAの提出が求められているため、仕方なく設計で実施した内容を反映するという方法を採っています。

これでは新たなリスクを抽出できていませんし、抽出したとしても設計に反映できていないため、市場で不具合が発生する恐れがあります。

続いて、FMEAと併せてDRBFMの使い方も確認していきましょう。

[2] DRBFMの使い方とその間違い

DRBFMの現状の使い方

①変更点の確認

設計で変更した部分を抽出していきます。流用元と比較し、作成したE-BOM（設計部品表）において変更している部分を抽出していきます。

②変更した部品の機能の抽出

機能を抽出していきます。機能ではなく、性能が記載されている場合も少なくありません。

③故障モードの抽出、要因の調査、顧客への影響、頻度と影響度

FMEAと同様に、過去のトラブル事例集から類似する部品の故障モードや要因の調査、顧客への影響、頻度と影響度を抽出していきます。

④設計が実施した対策

この時点ではほぼ設計は完了しています。このタイミングでDRBFMを作成することになるため、設計段階で検討して織り込んだ内容をDRBFMに記載していきます。

⑤ DRでの議論

DRでは、DRBFMに記載されている内容に間違いがないかどうかの確認を行います。

⑥進捗確認

DRBFMで実施すべき内容の確認や評価の結果などの進捗確認は、設計者自身が行います。

こうしたDRBFMの使い方では品質トラブルを未然に防ぐことはできません。DRBFMもFMEAと同様に「問題の未然防止」の手法であるはずが、これでは設計者の設計内容を整理することにしか使われていません。では、具体的にどの部分の使い方が間違っているのかを確認していきましょう。

DRBFMの現状の使い方の間違い

①変更点の確認
設計で変更した部分を抽出していきます。流用元と比較し、作成したE-BOMにおいて変更している部分を抽出していきます。

⇨設計者が自分自身で変更した部分しか抽出できていません。DRBFMでは変更点だけではなく、変化点の抽出も必要となります。変化点とは「環境の変化や使用方法の変化、そして他のユニットなどからの変更要求」のことです。この変化点も抽出しなければ、市場でのリスクを検討したことにはなりません。

②変更した部品の機能の抽出

機能を抽出していきます。機能ではなく、性能が記載されている場合も少なくありません。

⇨ 機能と性能は異なります。機能とは「システムに備わっている働き」であり、「製品が果たす役割」のことです。これに対し、性能とは「機械や道具の性質や能力、または機能などが仕事をなし得る能力のこと」であり、「機能の程度を数値で表したもの」です。機能よりも下位の概念で、機能を数値や指標に変換し、その能力を定量的に表現したものが性能です。

DRBFMで検討しなければならないのは、「機能」です。性能が低下するということは、何かしらの機能が実現できていないということにつながります。従って、性能の上位概念である機能を抽出しなければなりません。

③故障モードの抽出、要因の調査、顧客への影響、頻度と影響度
FMEAと同様に、過去のトラブル事例集から類似する部品の故障モードや要因の調査、顧客への影響、頻度と影響度を抽出していきます。

⇨ DRBFMで抽出すべき故障モードには、「機能の喪失」や「商品性の欠如」となるような状況を記載する必要があります。闇雲に過去のトラブル事例集から故障モードを抽出してはいけません。抽出した故障モードが機能の喪失や商品性の欠如につながらなければ、リスクを抽出したことにはなりません。

④設計が実施した対策
この時点ではほぼ設計は完了しています。このタイミングでDRBFMを作成することになるため、設計段階で検討して織り込んだ内容をDRBFMに記載していきます。

⇨ DRBFMは、設計前の段階でできる限り多くの故障モード、すなわちリスクを抽出し、その対応策を設計に反映するものです。設計内容から逆引きし、対応策や故障モードを列挙すると、抽出した故障モードに多くの抜けや漏れが発生してしまいます。

⑤ DRでの議論
DRでは、DRBFMに記載されている内容に間違いがないかどうかの確認を行います。

⇨ DRBFMは、言葉通りDRで検証する必要があります。記載されている内容に間違いがないかどうかではなく、設計者が気づいていない故障モードの列挙を中心に議論しなければなりません。他部門の経験とノウハウも入れて、できる限り多くの故障モードを抽出しなければなりません。

⑥進捗確認

DRBFM で実施すべき内容の確認や評価の結果などの進捗確認は、設計者自身が行います。

⇨ 抽出した故障モードの対応策を設計に組み込むのは設計者の仕事です。しかし、その内容が正しく反映されているかどうか、また期限までに実行しているかどうかを確認するのは設計マネジメントを担う管理者の仕事です。確実に実行されているかどうかを確認する必要があります。

このように、FMEA と DRBFM は間違った使い方をされているケースが実に多いのです。FMEA と DRBFM に関して「設計者には負担で、実施しても効果がない」といった声が上がるのは、このためです。正しい活用方法を身に付け、設計者全員に利点のある仕組みであることを理解してもらいましょう。FMEA と DRBFM を正しく使うことで、組織全体で問題の未然防止の精度を高めていく必要があります。

1.1.3.3　検図

検図は、図面の品質を高めるための大切な設計品質ツールです。ところが、多くの企業が最終的に出図する段階でしか検図を行っていません。しかも、その最終的な検図でも、誤記訂正のみの実施にとどまっており、機能的な視点での確認やリスクの有無についての確認を行っていません。これでは、設計品質ツールの「最後の砦《とりで》」である検図を実施したことにはなりません。次の設計者と検図者の会話から、具体的な問題点を確認していきましょう。

設計者 A：図面の作成が終わりましたので、検図をお願いします。
検図者 A：分かった。机の上に置いておいてくれ。私は今から会議だから、会議が終わったら確認しておく。
設計者 A：分かりました。（図面だけで設計意図が分かるのかな？）

この会話のように、図面だけで検図者と設計者のコミュニケーションが行われようとしています。設計者 A が感じたように、図面だけを見て全ての設計意図を読み取ることは困難です。設計意図を読み取れていないにもかかわらず、図面だけで検図しようとすると結果的に誤記訂正程度しかできません。

それでは、問題点を深掘りするために定量的な視点で検図の仕組みを検証していきましょう。筆者が実施した製造業における検図のアンケート調査結果を示します。

アンケートデータ
企業属性：電機メーカー、照明メーカー、設備メーカー
対象者　：検図者（検図承認印を押印できる設計者）
対象人数：91 人

表 1-1 から分かる通り、最終的な検図の実施者である管理者の割合は 45 %しかありません。企業として図面を承認する必要があるため承

認印はあるものの、管理者自身が自信を持ってしっかりと検図できている割合は45％しかないのです。

これには今の設計の実態が如実に反映されていると感じます。設計のリードタイムが短く、既に販売した製品の不具合対応などに忙殺されて、出図日の当日に管理者に提出された。結果、時間が足りずに検図されない状態で承認されているというわけです。これでは製造段階で加工できない、もしくは組み立てられない、最終検査で目標とする性能が出ないといった多くの問題が発生してしまいます。

表1-2は検図タイミングの結果です。このアンケートでは、複数の段階で検図している場合はそれらの全てにチェックしてほしいと記載していましたが、アンケート記入者の全員が1カ所しかチェックしていませんでした。つまり、多くの企業で検図は1回しか実施されていないと推測できます。しかもその1回は、当然、最終図面である部品図・加工図（製作図）段階が最も多かったものの、組み立て図段階のみ検図し、次の部品図・加工図（製作図）段階は「自己検図」に任せているという回答も多くありました。

こうした検図方法では図面の精度が向上しません。そのため、製造段階で問題が発覚し、結局は図面を修正しなければならないという状況に

表1-1●最終検図の実施者
（作成：筆者）

検図者	割合
図面作成者（自己検図）	20％
同僚	23％
管理者（承認可能な検図者）	45％
その他	12％

表1-2●検図タイミング
（作成：筆者）

検図タイミング	割合
計画図（構想図）段階	19％
組み立て図段階	26％
部品図・加工図（製作図）段階	38％
その他	16％

陥りかねません。

検図タイミングと同様に、検図チェックリストの有無について聞きました（表1-3）。ここでアンケート記入者に、検図チェックリストはあっても形骸化している（実際に活用できていない）場合には「なし」にチェックするように伝えました。その結果、多くの企業が検図チェックリストを使っていないことが分かりました。

また、設計者はさまざまな図面を作成しており、それぞれの図面で使用目的が異なっていました。従って、本来は検図チェックリストが複数存在しなければなりません。ところが、1種類しか存在していませんでした。

この結果を受け、どのような検図チェックリストを作成しているのかを確認したところ、到底チェックできない数のチェックリストになっていました。チェックリストの作成理由を考えてみると、その原因が分かります。チェックリストは不具合や失敗が発生すると、暫定的な対策としてチェック項目に追加していきます。さらに、企業の存続年数が長ければ長いほどさまざまな不具合を経験しているため、チェック項目が増えていきます。その結果が現在のチェックリストになっているというわけです。

設計にはさまざまなチェックリストが存在するため、他のチェックリストも同様に多くの項目数が設定されています。これでは形骸化してしまい、実際に活用することができません。検図チェックリストを使っていないというよりも、そもそも使用できない検図チェックリストになっていることが問題です。

表 1-3 ●検図チェックリストの有無
（作成：筆者）

検図チェックリストの有無	割合
あり	27 %
なし	73 %

表 1-4 ●検図上の課題
（作成：筆者）

課題内容	割合
時間がかかる	52 %
検図ポイントが曖昧	32 %
検図自体の効果がない	0 %
その他	16 %

アンケートの最後に、検図上の課題を聞きました（**表 1-4**）。このアンケート結果を見て安心したのは、「検図に効果がない」と考えている検図者が１人もいなかったことです。全員が必要だと考えていました。必要だと認識しているものの、効果的な検図方法が分からずに悩んでいたのです。また、検図者によって指摘内容が異なることが設計者を悩ませていることも認識しており、その点を課題と感じている人が多いことも分かりました。

検図の課題内容をまとめると次のようになります。

第三者が検図していない。チェックしていたとしても、ポイントが曖昧な状態の図面を出図した場合、後工程で必ず問題が発生してしまいます。
また、製作図段階のみチェックしていると、構造的に問題があった場合に基本設計からのやり直しとなるため、出図納期に間に合わない可能性があります。
→問題の未然防止および設計業務の最後の砦としての役割を果たせていない状態になっています。

以上、設計品質ツールにおける問題点を抽出しました。設計マネジメントでは設計品質ツールを正しく活用し、問題の未然防止を図っていくことが業務の大きな役割となります。現状の問題を確実に解決していきましょう。

1.2 間違った開発設計プロセス

ここまで多くの企業の現場で起きている間違った設計マネジメントの例を挙げ、問題点を指摘して個別に説明してきました。ここではそれらの問題点を集約し、最終的にどのような組織課題に発展するのかをまとめていきましょう。

1.2.1 問題を先送りすることで発生する事象

仮に設計内容の問題点を検証せずに、全てを設計者に任せた上で出図するとどうなるでしょうか。さまざまな経験を積んでいるベテラン設計者であれば、自分自身で後工程である製造段階や市場で発生する可能性のある問題点を解決した上で出図します。

しかし、経験の浅い設計者の場合、問題解決どころか問題に気づけない可能性もあるでしょう。その結果、製造段階で加工や組み立てができずに再度検証しなければならなくなります。加工や組み立てができないだけならまだリカバリーできますが、目標としていた性能が出なかったり、顧客の使用中に動作しなくなったりした場合は大問題です。大きなクレームにつながります。

では、後工程で発生する事象をまとめ、それらを解説していきましょう。

図 1-6 は、問題を先送りする開発設計プロセスの模式図です。横軸に工程を、縦軸に負荷（≒設計者の工数）をとり、問題を先送りした場合に工数がどのように増えるかを表したものです。

設計開始の段階でさまざまなリスクを検討せずに設計に着手するため、試作段階で加工や組み立てができません。加えて、評価項目も検討していないので、前の製品で評価した項目と同一にします。新たに必要な評価を省略してしまうのです。その結果、製品の最終検査において目標品質や目標性能を達成できない事態が発生してしまいます。

ここまで手抜きをしているケースは少ないと思いますが、手抜きだと感じていなくても、正しい開発設計プロセスで業務を遂行していない場合は同様の結果を招きます。

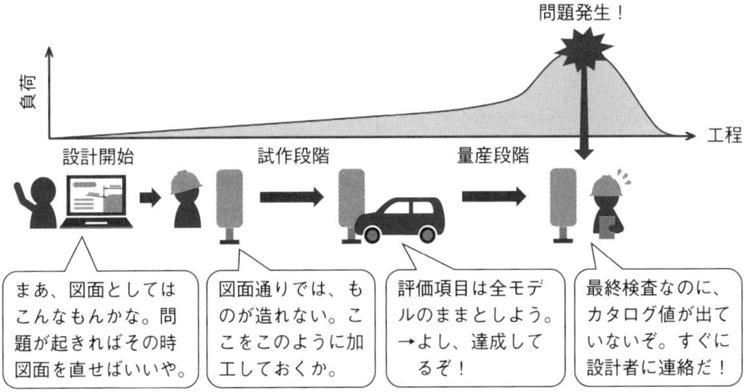

図 1-6 ●問題を先送りする開発設計プロセス
（作成：筆者）

問題を先送りした結果、どうなるでしょうか。図1-7に示すように、製造部門から問題点のフィードバックを受けた設計者は慌てて対策しなければなりません。製品の納期は決まっており、さらに製造側の生産リードタイムもあるため、1日も早く対策案を設定する必要があります。

しかし、設計者1人では解決できない問題もあるでしょう。その場合は、複数の設計者で確認するとともに、対応策が本当に問題がないものかどうかを確認するために、再度DRを実施しなければなりません。

こうして設計における対応策が決定したら、続いて生産に入る前に再度試作によって性能を確認していきます。この際に、製造段階でのばらつきも予測しなければなりません。本来であれば量産試作でばらつきを検証します。しかし、ここではばらつきを実際の部品で確認している時間がないため、設計者の予測を基にばらつきを含めた設計内容で評価します。この最終結果が出るまで、製造部門では完全な手待ち（作業が可能なのに作業できずに待っている状態）が発生します。他の製品の生産

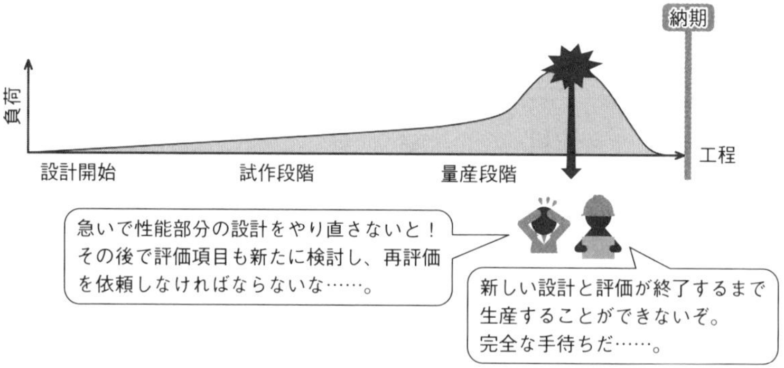

図1-7●問題を先送りした結果発生する事象
（作成：筆者）

を実施しても構いませんが、いつ設計が完成するか分からないため、すぐに生産できるように準備しておかなければなりません。

設計者の負荷（≒工数）に着目してみましょう。設計者の負荷が製造段階で急増していることが分かります。先述の通り、本来必要ではない工数が製造段階で発生しているだけではなく、納期を守るために多くの設計工数を投入することになります。定時内では検討が終わらずに残業したり、時には休日出勤したりする可能性もあります。この状態では設計マネジメントどころではありません。本来は設計マネジメントを担う管理者もさまざまな部門に変更依頼をかけたり、日程の交渉をしたりしなければなりません。

つまり、問題を先送りすると、開発設計プロセスの後工程で負荷がかかってしまい、目標とするQCD（品質、コスト、納期）を達成できなくなるのです。

品質を維持しようと対策を立案しますが、暫定的な対策のため、顧客が特異な使用方法をすると目標とする品質や性能が得られない可能性があります。中でも、最も達成しにくいのはコストです。「特急対応」によって製造原価が増加したり、部品形状が変わったりすることで製造工程が変更となるためです。これらの変更により、当初予定していたタクトタイムをクリアできないなどの問題発生につながります。製造原価が増加すると、利益の減少につながり、企業として確保すべき利益を獲得できない状態になってしまいます。

このようなプロセスが続くと企業はどうなるでしょうか。継続して利益が減少し続けると、企業は投資することができずに競争力が次第に低下していきます。赤字で製品を出荷しても同様です。最悪の場合、倒産という結果を招いてしまいます。開発設計プロセス次第で、企業が倒産する事態に陥りかねないのです（図 1-8）。

さらに言えば、製造段階でのやり直しはその製品開発における問題だけでは終わりません。次の製品の開発設計にも大きな影響を及ぼしてしまいます（図 1-9）。次の製品の開発設計案件に着手できず、工数をかけることができないからです。すると、前の開発設計案件と同様にリードタイムが十分ではない中で設計を進めることになり、DR や検図において確認程度しかできず、そのまま出図してしまいます。その結果、前

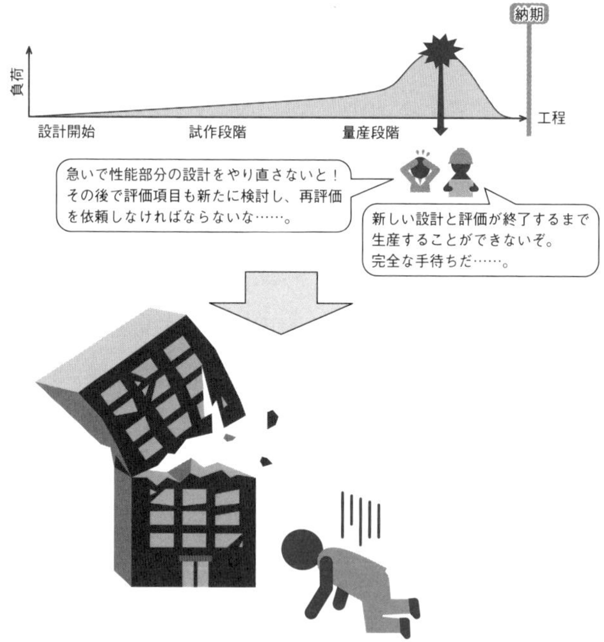

図 1-8 ●問題を先送りした企業の末路
（作成：筆者）

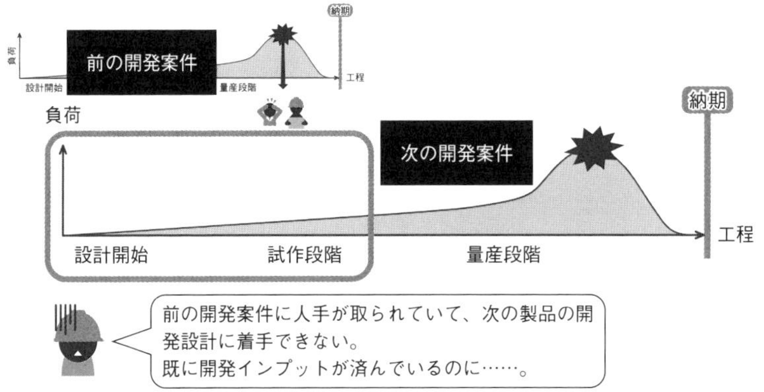

図 1-9 ● 次の開発設計案件の実態
（作成：筆者）

の開発設計案件と同じように製造段階で問題が発生し、修正が必要となります。

すなわち、1 度でも問題を先送りした開発設計プロセスで開発設計を実行すると、同じ状態が延々と継続してしまうのです。

1.2.2　評価基準の甘さ

ここまでは間違った開発設計プロセスを定性的に解説してきました。では、定量的なデータを基に、開発設計プロセスがどのような課題を抱えているのかについて確認していきましょう。

表 1-5 は、2020 年に国土交通省が発表した「原動機における不具合発生原因別のリコール届出件数及びその割合」のデータです。過去 5 年間の自動車におけるリコール内容を分析した資料から問題点を検証してみましょう。

表 1-5 と図 1-10 から分かるように、製造に起因する不具合は 23 %

表 1-5 ●原動機（エンジン）における不具合発生原因別のリコール届け出件数とその割合
対象は国産車。〔平成 26（2014）年度～平成 30（2018）年度〕（出所：国土交通省）

発生原因	H26		H27		H28		H29		H30		5 カ年平均	
	届出件数（件）	届出件数の割合（%）	届出件数（件）	届出件数の割合（%）	届出件数（件）	届出件数の割合（%）	届出件数（件）	届出件数の割合（%）	届出件数（件）	届出件数の割合（%）	届出件数（件）	届出件数の割合（%）
設計（①＋②＋③）	40	83	23	64	32	91	23	61	36	84	31	77
製造（④＋⑤＋⑥＋⑦）	8	17	13	36	3	9	15	39	7	16	9	23
その他（⑧）	0	0	0	0	0	0	0	0	0	0	0	0
①性能	6	13	5	14	5	14	7	18	5	12	6	14
②耐久性	7	15	3	8	13	37	5	13	8	19	7	18
③設計自体	27	56	15	42	14	40	11	29	23	53	18	45
④作業工程	6	13	13	36	2	6	8	21	6	14	7	18
⑤機械設備	0	0	0	0	1	3	3	8	1	2	1	3
⑥工具・治具	1	2	0	0	0	0	4	11	0	0	1	3
⑦部品・材料	1	2	0	0	0	0	0	0	0	0	0	1
⑧その他	0	0	0	0	0	0	0	0	0	0	0	0
合計件数及びその割合	48	100	36	100	35	100	38	100	43	100	40	100

しかなく、設計に起因する不具合が 77 %と大半を占めています。特に「設計自体」が多く、「耐久性」や「性能」、「部品・材料」は非常に少ない状況となっています。

設計自体の内容は、さらに 3 つに分類されています。

①評価基準の甘さ

②図面などの不備

③プログラムミス

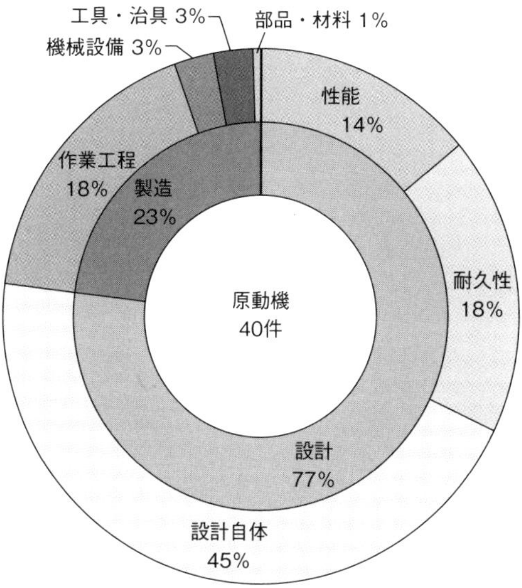

5カ年平均（国産車）

図 1-10 ●原動機（エンジン）における不具合発生原因別のリコール届け出件数とその割合
5 年間の平均〔対象は国産車。平成 26（2014）年度～平成 30（2018）年度〕（出所：国土交通省）

これらのうち、問題は①と③に集中しています。この内容から抽出できるプロセスの問題点としては、設計のアウトプットである図面などについては、PLM（製品ライフサイクル管理）やPDM（製品データ管理）、CADなどのITツールを有効的に活用することにより、ヒューマンエラーのようなミスは大幅に軽減されていると推測できます。ただし、ミスがゼロになったわけではないので、現状と同様にヒューマンエラーを防止する施策（検図など）は必要でしょう。

気になるのは、①の評価基準の甘さです。評価基準の甘さとは、「評価結果をOKとしたものの、市場で異なる使い方や想定していない環境で使用されたことによって発生してしまった不具合」だといえます。ここで着目しなければならないのは「技術ノウハウ」です。先に技術ノウハウの流出の課題を検証しましたが、ここでは技術ノウハウの蓄積と活用に関する課題を検証します。実際に起きている問題の内容を確認していきましょう。

設計者 A：課長、この部分の構造なのですが、どのように強度を出しているのか理解ができません。（本当にこのまま流用してよいのだろうか？）
設計課長 A：その部分は昔から構造を変えてない。変えてはいけない
設計者 A：（変えないと、どのようにしてもレイアウトが成立しないんだけどな……。）変えないとどうにもなりません。
設計課長 A：変えると何が起きるか分からないぞ。変えずにレイアウトを成立させる方法を考えろ。
設計者 A：分かりました……。検討し直します。

過去から構造を変えていない部分があります。皆さんはその部分のメカニズムをきちんと理解できていますか。もちろん安易に変更してはいけませんが、既存製品のメカニズムを明確にしておくことは重要です。また、そのメカニズムを正確に解説できなければなりません。変更に対する承認を上記のやり取りほど露骨に拒否することはないかもしれませんが、似たようなことは日々発生しています。

実は、変更してよい部分と変更してはいけない部分の見極めは非常に

難しく、設計者1人でミスなく検討するのは相当ハードルが高いと認識してください。設計ノウハウからその製品のコア技術部分が明確になっていないと、変更してはならない部分を変えてしまう可能性が高まります。変更してはならない部分を変えることにより、その製品が持っている機能や性能が十分に発揮できない可能性があります。設計者1人ではその部分を把握し切れていないケースもあるのです。

現在は流用設計が基本となっているため、変更には注意が必要です。この点を踏まえると、先ほどの設計課長Aと設計者Aのやり取りの中で、設計課長Aが「変えてはいけない」と言ったのは、ある意味で正しいのです。従って、技術ノウハウが明確になっておらず、設計変更しても機能や性能への影響が分からない（≒設計変更にリスクがある）場合に、「変更しない」という選択肢もあり得るでしょう。しかし、それではいつまでたっても製品のグレードアップやバージョンアップを実現することができません。すると、製品は陳腐化してしまい、やがて売れなくなります。

本来は、既存製品に使用されているコア技術の内容や活用方法、実現方法を整理しておかなければなりません。設計者は整理された技術ノウハウ書を基に変更してもよい部分を見極め、その上で新しい機能を追加して、製品の付加価値を高めていかなければならないのです。

構造的な設計内容だけではなく、評価基準についても同様のことがいえます。評価基準を安易に変更してはなりませんが、製品構造や市場での使われ方などが変わった場合は、それらの内容に応じて変更していかなければなりません。

しかし、過去にどのようにしてその評価基準が決まったのかを理解できていなければ、基準を正しく変更するのは難しいと思います。**表1-5**における評価基準の甘さは、過去からの評価基準にとらわれてしまい、基準を正しく変更できなかったことによるものだと推測できます。

評価項目についても同様です。現在の製品はさまざまな付加価値を提供しなければならない上に、SDGs（持続可能な開発目標）やカーボンニュートラル（温暖化ガスの排出量実質ゼロ）といった環境における新しい指針にも対応しなければなりません。市場からのさまざまな新しい要求により、評価基準や評価項目の変更や追加が重要な設計要素になっていくことでしょう。

こうした時代の変化に対応するためにも、過去からの設計ノウハウ（特に評価内容について）を今のうちにまとめておかなければなりません。設計ノウハウや評価ノウハウを含めた技術ノウハウについて、トヨタ自動車（以下、トヨタ）から発表されている内容を基にまとめ方を含めて解説します。

1.2.3 トヨタ流の技術ノウハウのまとめ方

1.2.3.1 技術ノウハウの考え方

技術ノウハウの定義は次の通りです。

技術ノウハウ

コア技術を正しく活用・適用するための手順や考え方。コア技術とは、製品の中で最も重要な機能や性能を実現するための「核」となる技術。

まずコア技術ですが、市場に浸透して差異化や優位性を保てなくなると、その技術は「汎用技術」に陳腐化され、当たり前の技術となってしまいます。しかし、技術的には簡単なものであっても、造ることが難しい、単品では造ることが可能だが量産になると生産性が極端に落ちるなど、生産する技術として価値がまだ存在している技術も存在します。一方で、汎用技術に加えて付加価値を付けることにより、汎用技術からコア技術に格上げされる技術も存在することでしょう。

クルマでいえば、まさにエンジン（内燃機関）自体がコア技術に相当します。中でも重要なのは、エンジンの燃焼技術です。燃料を燃焼させて力を出す構造だけでは汎用技術ですが、今なお自動車や飛行機、船舶といった製品に使用されています。日本やドイツに技術立国としての繁栄をもたらしたコア技術の1つと言っても過言ではありません。

自動車に焦点を当てると、世界初のガソリンエンジン自動車が誕生したのは、1886年です。ドイツ Mercedes-Benz（メルセデス・ベンツ）を造ったカール・ベンツとゴットリープ・ダイムラーが自動車を発明しました。130年以上も前のことになります。この間ずっとエンジンは改良を重ねられてきましたが、内燃機関としての物理現象は普遍的なものであり、1886年当時から全く変わっていません。燃焼技術、すなわち「燃焼のさせ方」は変化しないのです。

では、今なおエンジンの研究が続けられているのはなぜでしょうか。単に燃焼させるのではなく、いかに「効率的に」燃焼させるかを追求しているからです。この効率的に燃料させる技術がコア技術だと考えられているのです。効率的に燃焼する必要はなく、さらに耐久性も低くても構わないのであれば、100年以上前に製造されたエンジンでも十分でしょう。ところが、自動車に対する市場の要求に応えるには、効率的なエンジンを開発設計しなければなりません。環境性能まで含めて非常に高い要求を自動車メーカーにしています。そのため、多くの自動車メーカーが今でもエンジンの開発設計に力を入れているのです。

この「効率的に」の部分を開発設計しようとすると、汎用技術として定義していた構造を見直さなければならなくなります。過去の自動車のエンジン開発における熱効率の推移を見てみると、1960年代では熱効率が25％程度（負荷領域で熱効率は異なる）でした。これが2018年になると、まだ実験段階ではあるものの熱効率が50％を超えるエンジンが誕生しています。60年余りで熱効率を2倍以上向上させています。この約60年間は「効率的に」という部分に焦点を当てて開発し続けてきたからこそ実現していると筆者は考えます。

さらに言えば、その60年前までは「効率的に」ではなく、出力を高めたり、大きさを小さくしたりと、さまざまな構造的な開発を行ってきました。その開発が限界（飽和状態）を迎えた時点で、新たな付加価値を創出するために、現在の「効率的に」という付加価値に変化していったと考えられます。

そして、この効率化という付加価値の実現にはさまざまな技術要素が必要となり、熱効率を2倍にさせる手段がまさにコア技術となります。

トヨタのエンジンの事例

トヨタが開発した「ダイナミックフォースエンジン（Dynamic Force Engine）」を事例として取り上げ、熱効率を高めるコア技術の一部を解説していきましょう。

熱効率を最大化するためには、タンブル流〔混合気（燃料と空気）の縦方向の旋回流（縦渦）〕という技術要素が欠かせません（図 1-11）。いかに強いタンブル流を生み出せるかにより、熱効率は大きく変わります。タンブル流を作ることで筒内（エンジンのシリンダー内）で混合気が渦巻き状となり、超希薄（空気に対して燃料の比率が小さい状態）な混合気でも点火・爆発〔リーンバーン（超希薄燃焼）〕させることが可能となります。これにより、低燃費を実現できるのです。

こうしたコア技術をまとめた内容こそ技術ノウハウであり、設計マネジメントを実現していく上で非常に重要な要素となります。この技術ノウハウにより、コア技術の活用や考え方を理解した上で、新しい製品に

図 1-11 ●タンブル流の図解
2.5L 直列4気筒直噴エンジン「Dynamic Force Engine」（出所：トヨタ）

コア技術を投入していきます。コア技術を活用し、最終的に設計内容が正しいかどうかを判断するためには、何かしらの評価も必要です。その評価項目や基準を考えるためにも、コア技術を含めた設計ノウハウを蓄積していかなければなりません。

1.2.3.2 コア技術の体系化

では、コア技術を活用できるようにするために、具体的にはどのようにして設計ノウハウを造り込めばよいのでしょうか。先のタンブル流で確認しましょう。ここで、タンブル流による熱効率向上のコア技術があるとします。

コア技術は設計者の誰かが「この技術がコア技術です」と言っているだけでは、皆が使用できる状態にはなりません。各製品でどのような技術があるかを体系的にまとめる必要があります。加えて、体系化するためにはコア技術を正しく区分しなければなりません。コア技術の区分の仕方を表 1-6 に示した「コア技術項目定義」にまとめました。

コア技術項目定義では、コア技術がどの技術に分類されるのかを製品

表 1-6 ● コア技術項目定義
（作成：筆者）

技術項目名	項目の概要
要素技術	求められる機能を実現するための根本的な技術
構造技術	要素技術を実現するための特別な構造的な技術
制御技術	構造を効率的に動かすための制御的な技術
材料技術	構造に求められる性能を最大限発揮するための特別な材料的な技術
評価技術	構造内容を確認するための評価的な技術
生産技術	生産するために必要な加工技術や組み立て技術

ごとに検討していきます。部品点数の多い製品については、ユニットやアセンブリー単位で分類する方が抽出しやすいでしょう。

重要なのは、各項目におけるコア技術をどのように抽出するかです。ただ単に思い付いた内容を記載しても、抜けや漏れが多く発生し、その会社における全てのコア技術をまとめることはできません。

筆者が設計者だった時の経験と現在のコンサルタントとしての経験から、最短かつ効率的に抽出する方法をここで紹介します。その方法は、機能系統図と呼ばれる設計品質ツールを使用したコア技術の抽出です。

機能系統図は、設計書を作成するときにも使用しなければならない設計品質ツールです。ここでは、機能系統図からコア技術を抽出する際に機能系統図を活用する方法を説明します（機能系統図の詳細は第6章を参照）。

機能系統図の定義は次のようになっています。

機能系統図
対象製品を取り上げ、その全ての機能について機能間のつながりの方式を決定しながら明確にし、設計仕様に至るまで機能のつながりを演繹的に展開していく手法のこと。

図1-12のように製品に求められる機能（基本機能）があり、その基本機能から機能を細分化していきます。基本機能を成立させるためには複数の機能が求められます。現在の製品は単一の機能のみということはないでしょう。シンプルな構造の製品であっても、必ずと言ってよいほ

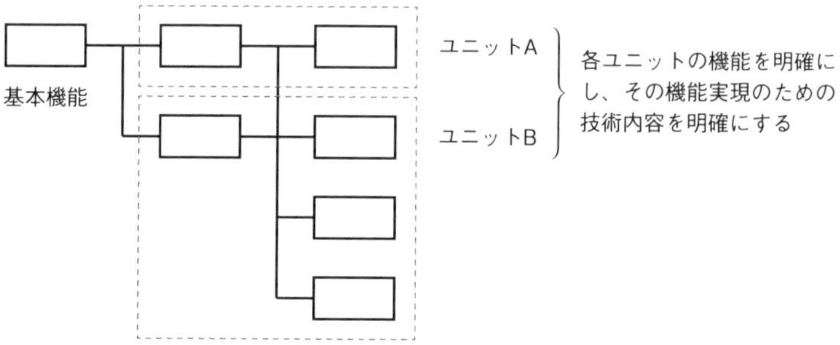

図 1-12 ●機能系統図概要
（作成：筆者）

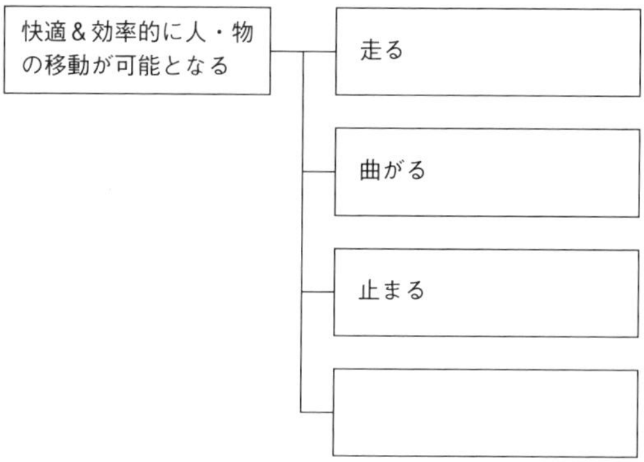

図 1-13 ●自動車の機能系統図
空欄の解答は「つながる」。（作成：筆者）

ど複数の機能を複合して基本機能を実現しています。例えば、自動車を例にとって考えてみましょう。

図1-13が自動車の機能系統図です。ここで最も下にある空欄には何が入るかを考えてみてください。これまで自動車に求められてきたことは、「快適&効率的に人・物の移動が可能となる」製品で、その機能を実現させるためには3つの機能が必要でした。その3つの機能とは「走る」「曲がる」「止まる」です。

ところが、近年はこれら3つだけでは、顧客ニーズを満たせなくなってきています。例えば、「効率的に」という部分が足りません。「効率的に」を実現させるために、3つの基本機能に加えて、「つながる」という機能が追加されつつあります。IoT（Internet of Things）が進化していく中で、自動車も1つのシステム製品として捉えると、インターネットにつながって従来以上に効率的に使用できる製品であることが求められます。

こうした機能系統図から、その機能を実現するための具体的な構造は何か、制御は何か、評価は何かと検討していけば、その製品が保有しているコア技術が自然と見えてきます。ただし、自動車のように部品点数が多い製品の場合は、図1-12で示したような機能系統図ではコア技術を抽出することが難しいため、さらに下位の機能の部分に焦点を当てていくことが必要になるでしょう。

では、自動車全体から話を元に戻し、タンブル流を発生させるための吸気系ユニットについてコア技術を抽出してみましょう。

図1-14が、吸気系ユニットの機能系統図です。この機能系統図を見ても分かる通り、「空気の流速を上げ、混合気を生成する（以下、空気の流速を上げる）」という部分が重要な機能であり、コア技術を含む部分でしょう。空気の流速を上げなくてもエンジンの負圧のみで空気はエンジン内に吸気されるため、エンジンから出力を出すこと自体は可能です。しかし、熱効率や性能など顧客から要求されているニーズを全て満たすためには、「空気の流速を上げる」ことが必要となるのです。

そのコア技術の抽出が終われば、後は各ユニットで表1-7のマトリ

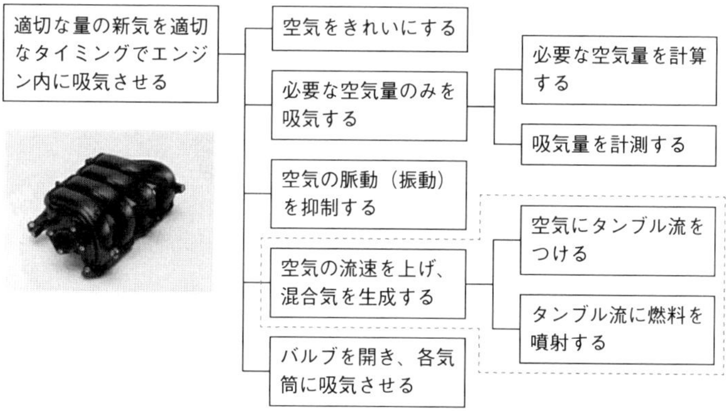

図 1-14 ●吸気系ユニットの機能系統図
（作成：筆者）

表 1-7 ●吸気系ユニットのコア技術のマトリクス
（作成：筆者）

		製品開発技術					
		要素技術	構造技術	制御技術	材料技術	評価技術	生産技術
吸気システム	タンブルユニット	タンブル流	バルブ挟角拡大	燃料量可変制御		インジェクター噴射シミュレーション	バルブ容射技術

クスにまとめていきます。例えば、今回のタンブル流ではどのような技術が存在するでしょうか。トヨタが発表しているエンジンの内容を見ていくと、次のような技術が考えられます。

表 1-7 を確認すると、材料技術の部分のみ空白となっています。コア技術となり得る新しい材料や新しい材料の配合を使用しているわけではないため、材料技術が空白となっているのです。マトリクスの全てのマスを無理に埋める必要はなく、ユニット全体から抽出できる技術を記載していきましょう。

1.2.3.3 コア技術の詳細内容

以上で、コア技術の体系化によって各ユニットの技術を明確化しました。これは書籍でいう目次のようなもので、各ユニットにどのようなコア技術があるかを「視《み》える化」しただけです。これでは設計ノウハウとして活用するにはほど遠いといえます。

製品開発に活用するためには、コア技術についてより詳細な内容が必要になります。さらに言えば、実際の業務で使用するためには、どのような技術があり、変更してはならない部分がどこなのかを設計者が見るだけで分かるようにする必要があります。

では、詳細内容をどのように記載すべきなのかを解説していきましょう。

コア技術の詳細内容に必要な項目

①コア技術名

②コア技術が実現可能な機能

③コア技術の具体的な内容

④コア技術を活用した製品例

⑤コア技術実現のための設計内容、評価内容

例えば、事例に挙げたトヨタのエンジンでは、そのコア技術の詳細は次のようになります。

①コア技術名

バルブ挟角拡大。

②コア技術が実現可能な機能

タンブル流の強さを2倍以上にすることにより、燃焼効率の向上を可能とする（熱効率40％以上）。

③コア技術の詳細内容

・エンジンバルブ挟角を従来の31°から41°に変更（拡大）

・ポート形状を変更

・タンブル流に向かって燃料を噴射する

これらの技術により、従来エンジンよりもタンブル流の強さが2倍以上となった（図1-15）。また、このポート形状は、エンジンバルブの一方からしか空気をシリンダー内に取り込まないようにした。

④コア技術を活用した製品例

2.5Lダイナミックフォースエンジン。

⑤コア技術実現のための設計内容、評価内容

バルブ挟角を○○～○○まで評価（表1-8）。

最もタンブル流が発生しやすい挟角を調査。タンブルの技術については、以前開発調査したエンジンの評価結果を参考にした。

バルブ挟角が40°に近づくにつれて、燃焼効率が向上する。ただし、41°を頂点にして、燃焼効率が低下している（2.5Lエンジンの場合）。タンブル流が最も強くなる点が41°であり、挟角をさらに増加する場合には、吸気構造も変更しなければ燃焼効率は向上しない

可能性がある（ただし、これは筆者の推測による。トヨタ内でどのように開発されているかは発表されていない）。

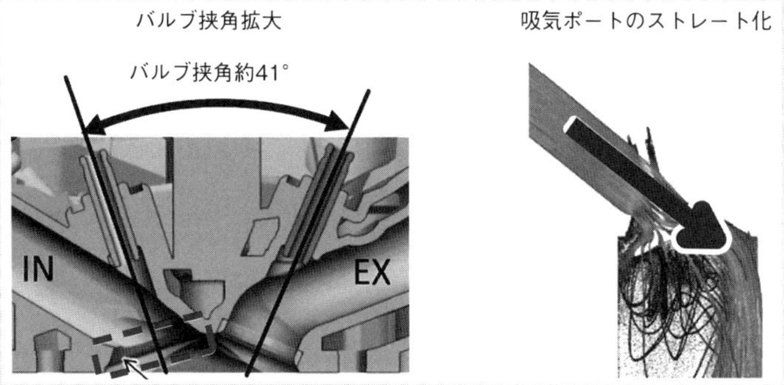

図 1-15 ● コア技術の詳細内容
（トヨタの資料を基に筆者が作成）

表 1-8 ● バルブ狭角の評価
（作成：筆者）

挟角［° ］	31	35	38	40	41	42	45
燃焼効率［%］	30	34	38	39	40	38	36

トヨタが発表している内容を基に筆者がコア技術についてまとめると、上のようになります（一部、筆者の推測が入っています）。開発時点の開発内容や評価方法、基準に至った経緯があれば、次の開発時にそれらの内容を活用し、評価方法を検討することは十分に可能でしょう。

このように、コア技術を正しく抽出し、設計ノウハウに体系化する活動を常に実施していくことが設計マネジメントには必要となります。

1.2.4　設計インプットは設計者任せ

基本設計に入る前の設計インプットの仕組みを考えてみましょう。量産系の製品を製造販売している企業であれば商品企画書が、受注製品を製造販売している企業であれば、顧客からの要求仕様書がインプットの情報になります。次のような経験はありませんか。

設計課長 A：例の案件、顧客から要求仕様書が届いたぞ。この仕様通りに設計して出図してくれ。顧客の希望納期は…（略）…。よし、希望納期通りできるな？　では、よろしく。
設計者 A：〈要求仕様書をさっと確認〉ちょっと待ってください。この要求仕様書だけでは、設計に着手できません。顧客が要求している製品全体に求められる結果（性能や品質など）しか書かれていませんよ。
設計課長 A：それなら、顧客ヒアリングも含めてやってくれ。私は次の会議に出ないといけないから、後は頼んだぞ。
設計者 A：（案件の整理や深掘りも課長の仕事なのに……。）分かりました。何とかやってみます。

　このように、商品企画書か要求仕様書のみをインプット資料として設計者に渡し、設計がスタートしてしまっていることが非常に多いというのが現状です。どのようにして設計するか、どのようにして目標をクリアするかといった方針が何も決められていません。

　この設計課長 A のように、インプット内容を何も精査せずに設計者に丸投げしてしまうと、設計途中での変更が多くなる上に、最終的な出図段階での検図のやり直しも増加します。

　加えて、その製品の品質を全て設計者に委ねることになってしまいます。そうなると、その製品の品質は担当する設計者によって変わる恐れがあります。類似製品であっても、設計者が異なることによって製品の品質が変わってしまいます。同じ会社から販売されている製品であるにもかかわらず、設計者によって品質の良い製品もあれば、悪い製品もあるというばらつきが生じてしまうのです。

さらに言えば、出図のような設計の最終段階になって、「想定していた構造と違う」「これでは、問題が起きる可能性が高い」などの問題点を指摘している管理者を見掛けます。問題を後工程に流出させないという考え方は間違っていませんが、それは設計の最終段階で指摘するような内容ではありません。本来は設計方針を固めながら基本（構想）設計段階で指摘すべき事項でしょう。

では、あるべき開発設計プロセスと間違った開発設計プロセスの違いについても確認していきましょう（図 1-16）。

本来は会社の経営方針や会社の進むべき方向性をしっかりと理解できている管理者が設計の大方針を立案しなければなりません。そうでなければ、先ほども説明したように設計者によって異なる品質の製品ができてしまったり、会社の方針とは合わない品質レベルになる製品ができてしまったりする可能性があります。

そうならないためにも、設計書は設計者が記載すべきものです。製品に求められている機能や、その機能を実現する方式などを設計するための方針は設計マネジメントを担う管理者が立案し、設計者にインプットしましょう。そうすることで製品の品質が安定するとともに、設計者が迷わずに設計することが可能となります。

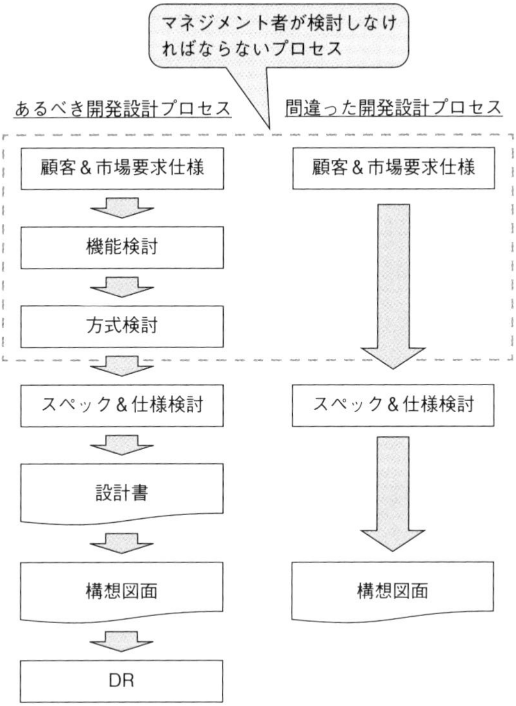

図 1-16 ●あるべき開発設計プロセスと間違った開発設計プロセスの比較
（作成：筆者）

1.2.5　基本設計がない？

商品企画書や要求仕様書を設計にインプットされた後にスタートする開発設計プロセスは、本来であれば、基本設計または構想設計です。しかし、いきなり詳細設計を実行しているケースが見られます。確かに、量産系の製品ではマイナーチェンジのような開発規模の小さい内容であれば、基本設計を実施しない場合もあります。受注製品でも、リピート品＋α（オプションを一部改造など）では同様です。しかし、フルモデルチェンジや新規開発の場合に基本設計を実施しないと、大きな手戻りにつながる可能性が高くなります。

基本設計を実施していないように見えても、設計者の頭の中では構想やレイアウトを当然検討しているので、実質的には基本設計を実施しているはずです。しかし、基本設計のアウトプットがなく（基本設計を実施しているものの、担当する設計者以外のメンバーに見えるアウトプットではないという意味）、設計者以外のメンバーが検証できていません。さらに言えば、設計部門内のみで承認を得ても、その後の試作評価段階や製造段階で構造に関わるような問題が発生する可能性があります。

次のような会話を製造部門としたことはありませんか。

試作段階にて

設計者A：試作図面が完成したので出図します。確認の上、試作品の製造に取り掛かってください。

製造者A：この図面で試作品は加工できますが、量産段階では多くの工数がかかる可能性があります。形状を大幅に変更する必要がありそうです。

設計者A：この部品はレイアウト上、形状の変更ができません。形状を変更しようとするとレイアウト全体を見直さなければならないので、そのままでお願いします。

製造者A：（基本設計段階で連絡をくれれば、この問題に気を付けていたのにな……。）分かりました。そのままの形状としますが、もう1度製造原価を見直す必要が出てきますよ。

この会話から基本設計段階におけるアウトプットの検証の重要性が見えてきます。そこで基本設計のアウトプットの内容を確認し、どのような内容をアウトプットすべきかを考えてみましょう。第4章と第6章で解説します。ここでは概要として計画図（構想図）を検証することについての重要性を認識しておきましょう。

計画図（構想図）の定義

設計工程の初期段階において、設計者の意図を伝えるために作成する図面。全体の概要やレイアウト、方向性を示すもので、詳細な取り合い（部品と部品のインターフェースの整合性）や情報は入っていない（現段階で入れる必要がない）。自社の関連部門との設計レビューに使用し、構造的な大きな問題点を抽出するために使用する〔計画図（構想図）は設計の考え方を示すためのものであるため、正式なアウトプットとして定めている企業は少ない〕。

計画図（構想図）のレビューと検図に必要な内容

レビューや検図には、商品企画書や設計書、機能系統図、技術基準などの設計品質ツールが必要であり、計画図の図面と設計品質ツールのアウトプットを比較して「性能、品質、コスト、納期」を満たす設計内容であるかどうかを検証する必要がある。また、計画図（構想図）を作成する段階である構想設計では、新しい設計内容に対して試作を行う場合がある。この試作はプロトタイプとも呼ばれ、手加工や3Dプリンターなどで製作し、設計内容を検証する。

レビューや検図では、この試作による結果内容が反映されているかどうかも確認する必要がある。

特に基本設計のレビューである「DR1」は多くの企業が採用しているでしょう（「DR0」としている企業もあると思います）。しかし、計画図（構想図）段階の検図を実施している企業は非常に少ないというのが現実です（表1-9）。表1-2にも示しましたが、計画図（構想図）の検図を実施している割合は19％しかありません。

計画図（構想図）の段階で検図し、製造者にも内容を確認してもらうことができれば、組み立てや加工に関わる問題点も抽出できていることでしょう。もちろん、検図するためには図面のみでは検証できません。設計者がどのような意図で構造やレイアウトを決定し、流用元からどのような内容を変更しているのかの設計意図を示すドキュメントも同時に示す必要があります。

このように、基本設計をしっかりとアウトプットし、内容を検証した後で詳細設計に進む必要があります。設計マネジメントを担う管理者は設計方針を示し、設計インプットを実施した後、基本（構想）設計段階で設計ストーリーを確認しなければなりません。加えて、そのストー

表1-9●検図のタイミング
（作成：筆者）

検図タイミング	割合
計画図（構想図）段階	19％
組み立て図段階	26％
部品図・加工図（製作図）段階	38％
その他	16％

リーに沿った図面になっているかどうかも合わせて検証する必要があります。

設計マネジメントを担う管理者として、DR1や検図のタイミングを明確にし、確実な検証によって構造やレイアウトの手戻りを最小限にとどめる活動をしていく必要があるのです。

第2章

あるべき設計プロセスとマネジメントのポイント

第2章 あるべき設計プロセスとマネジメントのポイント

2.1 設計の基本原理

2.1.1 そもそも設計部門とは何をするところか

設計者からコンサルタントに転身し、多くの製造業を支援する中で筆者が大切だと感じたことがあります。それは、会社全体の中における「設計部門（技術部門）の立ち位置や役割」です。筆者が設計者として働いていた時は、目の前の開発案件に対して「お客様や市場での使われ方や製品の付加価値を考えて、新しい機能の設計にチャレンジするぞ」という思いを胸に、さまざまなことに挑戦していました。一方で、会社全体を俯《ふ》瞰《かん》的に捉えることは少なかったと感じます。

しかし、設計マネジメントの観点ではそういうわけにはいきません。そこで、本章では設計マネジメントを担う管理者にとって重要な設計部門の「あるべき姿」を解説していきます。まず、設計部門の役割は次の通りです。

> **設計部門の役割**
>
> **顧客や市場が要求する最高の機能・仕様を最低のコストで製作できるようにすること。**

顧客や市場が望む最高の機能・仕様を実現するだけでは、設計部門の目的を果たせません。机上の空論ではなく、機能・仕様を形に（製作）

できる状態にした上で、コストを最小化させなければなりません。要は、QCD（品質、コスト、納期）の全ての条件を満たす必要があるのです。

企業によってはコストの部分を設計部門以外が担っているところもあります。特に、受注生産を行う企業では、営業部門や製造部門がコストの算出から管理までを担っているケースが目立ちます。しかし、現実にはコストは設計段階で約8割が決まってしまいます。この事実を踏まえると、コストも設計部門が担うべきでしょう。

これで設計部門の役割（目的）が分かりました。しかし、目的を達成するためには手段が必要となります。では、その手段とは何でしょうか。

図2-1を見てください。図の中央にある長方形の枠（破線）で囲んだ3つのプロセス［1］機能、［2］方式、［3］仕様があります。これらが設計部門の目的を達成するための手段です。

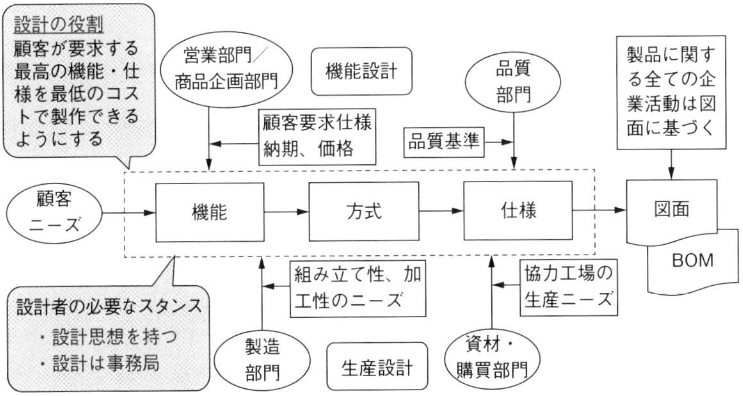

図2-1●設計の基本原理
（作成：筆者）

設計部門の目的を達成するためには、図面を作成して製造部門へ伝達する必要があります。図面はこれらの３つのプロセスを誰の目にも見えるようにし、製品の製造を容易にしなければなりません。要はこれらの３つのプロセスを経ない限りは最終アウトプットである図面の作成も困難になるということです。

では、３つのプロセスの内容を見ていきましょう。図面を作成するためには、その製品に求められる仕様を設定しなければなりません。そこで、仕様を満たすためには、どのような形状や構造、部品構成にしなければならないかについて検討していきます。この内容が通常、「設計」と呼ばれる作業です。

しかし、その仕様を導き出すためには、顧客や市場から要求されている機能を明確にする必要があります。機能を抽出するだけでは仕様を設定することができないため、その機能を実現するための方式やシステムの検討を要します。すなわち、「機能」→「方式・システム」→「仕様」→「製品構成の検討」→「部品形状の検討」→「図面」となるのです。

設計マネジメントを担う管理者は、設計部門の目的を果たすための重要な手段であるこれらのプロセスを実行しなければなりません。設計者への丸投げは厳禁です。特に、機能抽出や方式・システム検討については、設計マネジメントを担う管理者が一定の方向性を立案する必要があります。要は、設計方針です。設計方針が設計書に記載されて初めて、具体的な仕様や製品構成を設計者が検討することが可能になるのです。

2.1.2 設計者の役割と責任

設計方針は設計マネジメントを担う管理者が責任を持って立案しなければなりません。しかし、その一方で設計部門だけで立案することは非常に難しいというのも現実です。従って、最終的に設計方針を決定するのは設計部門であるとしても、その方針を決定するためには、他の部門からさまざまな情報を収集する必要があります。では、他の部門とどのような連携をしなければならないのでしょうか。

(1) 営業部門／商品企画部門

営業部門もしくは商品企画部門からは、顧客の情報や要求内容、価格、納期などQCD全般に関する情報を設計部門に伝達してもらいます。この情報のうち特に重要なのは、顧客や市場からの要求内容でしょう。

ただし、この要求内容については、営業部門や商品企画部門からの情報だけでは不十分なことがあります。中でも不足するのが、顧客による製品の使われ方の情報です。実際には、設計部門で既存製品や競合他社の製品の使われ方をしっかりと分析しなければならないことが多々あります。不十分な使われ方の情報に頼ると、製品の目標とする機能や性能を大幅に変更しなければならない事態に発展しかねません。

例えば、自動車では日本市場だけで販売される製品の場合は、インフラ（道路など）や顧客の運転の仕方についてそこまで調査する必要はないでしょう。設計者自身が日本人であれば、使用環境を含めてある程度理解しているからです。しかし、海外市場の場合は日本とはインフラが異なりますし、運転の仕方も違います。

例えば、米国では日本とは違って信号間の距離が長いという特徴があります。そのため、米国では信号が青になるとアクセルを大きく踏み込み、目標とする速度に達するとアクセルを緩めるという運転の仕方が普通です。これに対し、日本では信号間の距離が短いため、アクセルを大きく踏むことはあまりありません。このことから、日本よりも米国の方がアクセルに対するエンジンの感度が求められます。従って、仮に日本仕様のまま設計したクルマを米国で販売すると、米国の顧客から「アクセルを踏んでもスピードが出ない（速度が出るのに時間がかかる）」というクレームの声が上がる可能性があります。

このように、顧客による具体的な製品の使われ方や使われる環境をしっかりと調査しなければクレームにつながる恐れがあります。そのため、使用環境などの情報をより深く収集し、まとめることで設計への正しいインプットが可能となるのです。

(2) 品質関連部門

品質関連部門は、顧客や市場が要求している品質に関する情報を設計部門に伝達します。加えて、品質だけではなく、法規動向や環境対応に関する情報も伝達します。過去の不具合・クレーム情報のデータベースから、今回開発する製品に求められる品質情報を伝達することにより、設計部門は目標品質の立案が可能となります。

特に重要なのは、将来的な法規動向や環境対応の情報です。昨今、カーボンニュートラル（温暖化ガスの排出量実質ゼロ）を含めた環境意識が高まっている中で、商品企画の中に環境対応に関する目標が入っていないと商品性が大きく低下してしまいます。(1) で解説した営業部門や商品企画部門からインプットされた企画書や顧客の要求内容を基に、環境対応についての内容を精査し、製品の目標に落とし込んでいきます。

多くの企業では、品質関連部門が不具合やクレームの精査や確認のみに追われてしまっています。しかし、本来は開発のインプット内容に関わる業務も実施しければなりません。さらに、設計部門から提出される設計書（機能、方式、仕様）についても確認する必要があります。環境目標を達成できる見込みのある設計書になっているかどうかを確認しましょう。

ここまでの情報の連携によって検討された「機能→方式→仕様」の設計方法を機能設計と呼びます。

機能設計の定義

顧客や市場が要求する内容を機能に置き換え、実現すべき方式を検討して、仕様に落とし込む（定性化・定量化する）設計方法。また、検討した方式によって目指すべき目標品質を立案し、達成可能な具体的設計方法を検討する設計方法でもある。

この機能設計のアウトプットが設計書となります。設計書の中で最初に検討しなければならないのは、「機能」の検討です。設計者全員が機能の検討を実施しているものの、機能の「視える化」ができている企業は非常に少ないというのが実態です。製品に必要な機能は設計者の頭の中だけにあり、顧客や他の部門へアウトプットする仕様書のみを設計書に記載している企業がほとんどです。しかし、設計者の頭の中では、仕様に至るまでに機能と方式の検討を必ず実施しているはずです。その内容をしっかりとみえる化するためにも設計書を作成しなければなりません。

MEMO

「見える化」と「視える化」

日本の製造業が得意としているものに「みえる化」があります。しかし、みえる化の本質を理解し、正しいみえる化ができているでしょうか。みえる化を多くの企業が「見える化」と記載していると思いますが、筆者は、本来のみえる化は、「視える化」と書くのが正しいと考えます。2つの違いを比べてみましょう。

見える：自然に目に映る。目に入る
視える：ものごとやできごとを調査・視察する

本来のみえる化は、物事や出来事を調査し、その結果を誰もが分かるようにまとめることです。従って、「見える化」では「自然に目に映った情報をまとめる」だけとなります。重要なプロセスやノウハウは見えない部分に隠されていることが多いので、これらを、見える化では反映することができません。

これに対し、何をすべきかを考えていくと、本来の「視える化」の意味が分かってきます。属人化している内容を視える化し、誰でも業務ができるようにすることが視える化の目的です（視える化はあくまでも1つの手段にすぎません）。この目的を達成しようとすると、自然と「見える化」ではなく、「視える化」しなければならないことが理解できるのではないでしょうか。

特に、設計業務については視える化が非常に重要です。設計業務は属人化しやすく、ノウハウが組織ではなく個人に蓄積しがちだからです。従って、設計業務を行う際には、常にこの「視える化」を意識してほしいと思います。

多くの企業は、営業部門／商品企画部門と品質関連部門との連携で設計部門が設計方針を決め、設計を進めてしまいます。しかし、それだけでは十分とはいえません。さらに他の部門との連携についても考えていきましょう。

(3) 製造部門

製造部門は、設計に着手する製品をどこで生産すべきかを検討し、その情報を設計部門と共有しなければなりません。グローバルに展開する製品であれば、販売する現地の工場で生産（現地生産）する場合もあります。同じ製品であったとしても、2カ国で生産する場合もあり得ます。工場が違うと生産方法が異なる可能性も考えられます（本来は同じ生産方法でなければなりません)。そのため、設計部門は生産方法まで考慮に入れて設計を進めなければなりません。この生産方法を考慮することが設計への制約条件となり、ここに製造部門との連携が必要となります。

加えて、製造部門は設計部門に対し、過去の類似製品で生産しにくかった部分（組み立てや加工に多くの工数がかかるなど）について変更要求をしなければなりません。図面が完成してからの変更要求は、全ての要求を設計に反映することができません。その理由は、機能設計が終了しているからです。

性能や品質に影響がある部分についての変更要求は、設計の変更だけにとどまらず、評価のやり直しや試作品の造り直しなどが発生してしまいます。従って、機能設計が始まると同時に製造部門でも製品の生産のしやすさの検討をスタートさせる必要があります。これが、コンカレントエンジニアリングと呼ばれる手法です（コンカレントエンジニアリングの詳細は後述)。情報連携を早期にスタートさせることで、設計プロセスの後工程での修正ややり直しが少なくなります。

(4)　資材・購買部門（協力会社を含む）

資材・購買部門は、製品に求められる機能がある程度検討できた時点で、推奨する部品・材料の情報を設計部門に伝達しなければなりません。

よく発生する手戻りの例があります。設計部門が選択した部品・材料の調達を検討しようとしたところ、既に部品メーカーや材料メーカーがその部品・材料の生産を中止しており、新たな発注ができないというものです。この場合、早急に代替品を検討しなければなりませんが、設計部門にその余裕がないと、資材・購買部門がその部品・材料を何とか入手しようと、市場で流通している部品・材料を調査し、通常よりも高い価格で購入するケースがあります。これでは、部品・材料を入手できても、大幅な利益減少につながってしまいます。

こうした事態に陥らないように部品・材料を早期に選定しなければなりませんが、設計が完了していない時点でそれらを選定するのは難しいというのが現実です。そこで、資材・購買部門は、設計者が機能を検討した時点で使われそうな部品・材料の候補を複数挙げておき、入手性や協力会社の製造品質から推奨すべき部品・材料を選定します。そして、その情報を設計部門と共有するのです。

この情報を受けた設計者は、資材・購買部門から推奨された部品・材料を使用して目標性能や品質が実現可能かどうかを検討します。製造部門と同様に、設計の初期段階で情報を共有しておくことにより、手戻りを最小限に抑えることができるのです。

製造部門や資材・調達部門との情報の連携によって検討された「(機能は変更なし）方式→仕様」の設計方法を生産設計と呼びます。

生産設計の定義

設計部門が検討した方式や仕様に対し、生産上の制約条件を製造部門や資材・調達部門に要求。その制約条件について検討してスムーズな生産を可能にする設計方法。

機能設計は、あくまでも顧客や市場からの要求に対して実現可能な方式や方法を検討しただけです。効率的に生産できるか否かについては検討しきれていません。もちろん、機能設計を検討しながら、設計者が保有している情報から生産設計の内容も織り込んでいると思いますが、それだけでは不十分です。設計者が保有している情報は過去のものであり、今後の生産展開の内容や将来的な調達戦略といった戦略的な情報は入手できていないことが多いからです。そうした情報を得ずに設計者が保有している過去の情報のみで出図した場合、製造段階でのやり直しや変更が多くなってしまう可能性があります。

設計者の役割は出図まででほぼ完了し、製造段階に入るとその開発案件は設計者から手離れするようにしなければなりません（第1章で説明した後戻りのプロセスです）。しかし、製造段階でのやり直しが多いと、なかなか開発案件は終了せず、いつまでたっても次の開発案件に着手することができません。

手戻りの多くがこの生産設計の不備によるものです。従って、開発設計プロセスの早い段階で生産側からの制約条件を入手し、設計内容の精度を高めていくことが求められます。

2.1.3　設計マネジメントを担う管理者の役割と責任

このように、設計部門は他の多くの部門と連携しなければならず、たくさんの情報が設計部門に入ってきます。そのため、設計者は単に設計ができるだけでは役割として十分ではありません。さまざまな情報を整理しながら、設計に反映していかなければならないのです。そうした多種多様な情報を“交通整理”するためにも、高いマネジメントスキルが求められるのです。

たまに設計に対して次のような業務内容を求める人もいます。

設計者：本当は設計だけをしていたいです。他の部門との調整などは、可能であれば管理職にしてもらえると助かるのですが……。私には調整などのスキルはありませんし。

筆者：設計者だからといって設計だけをしていようと思っても、他の部門からの情報を共有し、また情報を集約しないと適切な制約条件を設定できず、正しい設計ができませんよ。

設計者：その制約条件の設定を管理職にお願いしたいのですが、いかがでしょうか。

筆者：管理職に任せたら今は業務が回るかもしれません。でも、あなたも管理職になったときに情報のマネジメントを行わないといけませんよ。そのときにすぐにマネジメントできますか？

設計者：すぐには難しいかもしれません……。

この会話から分かる通り、設計者にはもともとマネジメントスキルが求められるのですが、実際のマネジメント業務は管理職になってから実施するケースが多いのが現状です。管理職になった途端に「マネジメントしなさい」と命じても、非常に困難を極めます。それまで設計だけを実施してきた人が何の経験もなくマネジメントを行うことはできません。従って、管理職になる前の段階（主任や係長レベル）からマネジメントを実施すべきなのです。

マネジメントにもさまざまあり、自部門のメンバーをコントロールすることもマネジメントの１つですが、他部門との調整や情報の収集、集約、制約条件への置き換え（制約条件の設定）も重要なマネジメントです（マネジメントの詳細は第３章を参照）。

このように、設計は「機能設計」と「生産設計」に分けて考えなければなりません。加えて、設計内容を検討するために、多くの部門との連携が必要です。他部門から情報を収集しながら、制約条件を設定していかなければならないのです。これが「設計の基本原理」であり、設計部門の役割と責任なのです。

2.2　フロントローディングとコンカレントエンジニアリング

2.2.1　フロントローディング

設計部門の役割と責任が理解できたところで、どのような考え方や手法で「機能→方式→仕様」を検討していくのかを考えていきましょう。ここで大切となるのが、フロントローディングです。以前から言われているこのフロントローディングは、近年の設計には必須の考え方ですし、DX（デジタルトランスフォーメーション）を活用すれば実現は可能でしょう。しかし、なかなかフロントローディング化が進まない企業が多いという現実もあります。実現できない原因は後で解説することとして、まずはフロントローディングの考え方から解説していきましょう。

フロントローディングを日本語に直訳すると次のようになります。

フロントローディング
「プロセスの前工程で負荷をかける」こと（あえて、前工程で負荷をかけるということ）。

第1章で解説した問題を先送りする開発設計プロセスと比較してみましょう。

問題を先送りする開発設計プロセス：プロセス全体の後工程で負荷がかかってしまう。

フロントローディング：プロセスの前工程で負荷をかける。

これらの大きな違いが分かるでしょうか。後戻りプロセスは、プロセス全体で設計や製造のやり直しが発生した段階で対処していく方法です。この方法では、設計終了後に製造段階でどのような問題が発生するか分からないため、設計者は常に設計のやり直しに備えておかなければなりません。すると、第1章でも解説した通り、設計者からの手離れが悪くなり、次の開発設計案件に着手できなくなります。結果的に設計のリードタイムが短くなり、設計後の検証などを行えない状態で出図する

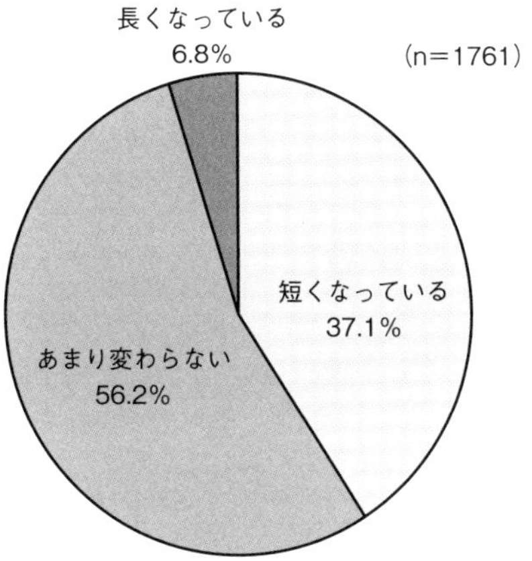

図 2-2 ●製品設計のリードタイムの変化
(出所:経済産業省『2020 年版ものづくり白書』)

ことになります。そうなれば、前回と同様に、新しい開発設計案件でも製造段階での問題発生に備えておかなければならなくなります。

従って、後戻りプロセスではいつまでたっても不具合は減らず、設計のリードタイムを短縮することも難しいのです。図 2-2 は、経済産業省による製品設計のリードタイムに関するアンケート調査の結果です。37.1 %が設計製品のリードタイムが「短くなっている」と回答しています。

実際、市場から求められているリードタイムは昔に比べてどんどん短くなっています。時間が限られる中で後戻りプロセスのような手法を採っていては、競争力の低下を招きます。こうした状態を避けるためには、フロントローディングプロセスを構築しなければなりません。

では、フロントローディングプロセスを解説していきましょう。プロセスの前工程で負荷をかけるというのは、具体的にはどのようなプロセ

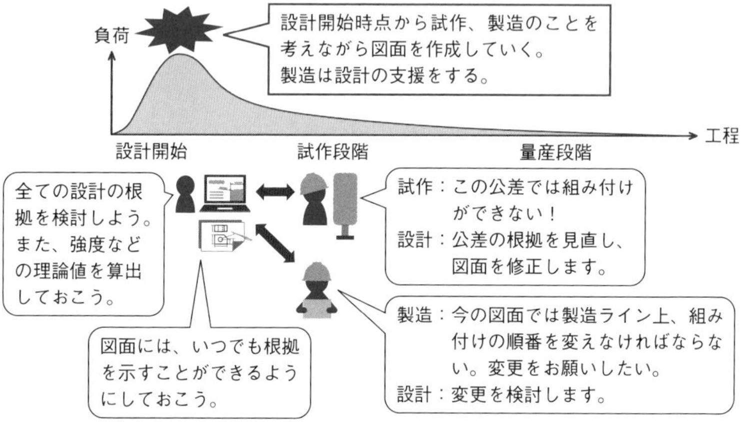

図 2-3 ●フロントローディングプロセスの前工程
（作成：筆者）

スなのでしょうか。

図 2-3 は、横軸に工程を、縦軸に負荷をとった場合のフロントローディングプロセスを示したものです。負荷は「設計者の工数」と読み替えると分かりやすいでしょう。

設計マネジメントを担う管理者は、設計開始時点で市場や顧客から要求されている「機能」を明確にしながら、それを実現するための「方式」を検討していきます。続いて、その内容を設計書に落とし込んで、設計方針を立案します。

その後、設計マネジメントを担う管理者が設計者に設計書をインプットする（渡す）と、設計者が具体的な設計内容を検討していきます。この際に、後戻りプロセスでは図面を作成して試作しながら検証していた設計上・製造上の内容を、フロントローディングプロセスでは図面の作成がある程度完了した時点で製造関係部門と共有していきます。

加えて、フロントローディングプロセスでは、機能や性能面に関してシミュレーションなどを最大限に活用し、試作せずに検証できる設計品質ツールを使っていきます。後戻りプロセスでは図面を作成している段階で、フロントローディングプロセスではさまざまな設計品質ツールで検証する、それによって得られた情報を製造関係部門と共有します。これにより、設計のやり直しを最小限に抑えるのです。

当然、フロントローディングプロセスを採用すると、後戻りプロセスに比べて前工程における工数は増加します。しかし、工数が増えるからといって検証作業を省略してはいけません。

よくあるのが、納期が短くて設計工数の余裕がないため、DR（設計審査）を省略しようとするケースです。DR は検証のための重要な設計品質ツールであり、必ず実施しなければなりません。しかも、省略すると製造段階で多くの問題が発生し、やり直しが多く発生して、結局は工数が増えます。前工程での検証の工数と後工程でのやり直しの工数とを比較すると、後工程でのやり直しの工数の方が多くなってしまうのです。

せっかく作成した図面がやり直しになるのですから、当然工数が増えます。これを防ぐために、前工程でいかに負荷をかけることができるかが重要なポイントになります。前工程で負荷をかけられる仕組みを構築し、設計内容について検証していく設計マネジメントが求められるのです。

では、フロントローディングプロセスの前工程が実現したとすると、後工程はどのような流れになるでしょうか。

図 2-4 にフロントローディングプロセスの後工程を示しました。前

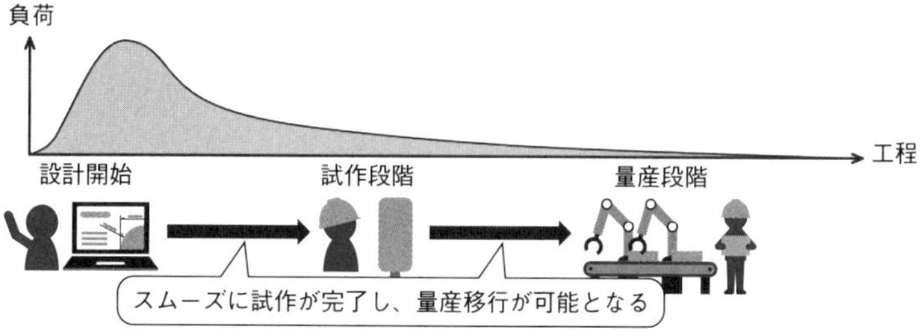

設計の前準備として、過去の問題点や新しい設計に対しての仮想の問題点などをあらかじめ対策しておくことが重要。また、製造部門関係と情報を共有し、製造段階で発生する可能性がある不具合についても事前に対策しておく
→その対策を行うことにより、試作段階と量産段階でも問題が減少し、スムーズに開発が流れていく

図 2-4 ●フロントローディングプロセスの後工程
（作成：筆者）

工程でしっかりと負荷をかけることで、試作段階での修正や変更を最小限に抑えられます。可能であれば 3D-CAD やシミュレーションを使って「試作レス」を実現することが理想的です。全ての製品に対して試作レスを実行することが難しい場合は、新しい機能や設計の部分のみに対象を絞って試作品を製作し、それを造り込みながら問題を発見していく方法を採ります。これにより、全ての製品の試作品を造る場合よりもリードタイムの短縮が可能となります。

このように、設計内容の検証を確実に実施して試作や量産に向かいます。特に重要なのは量産への「移行（移管）」です。量産段階で製造部門に業務を全て移行（移管）します。この移行（移管）をしっかりと行える状況をつくり出しましょう。そうすれば、設計者はこの量産段階の工数を最小限に抑えることができます。こうした状況をつくり出すためにも、フロントローディングを実現しなければなりません。

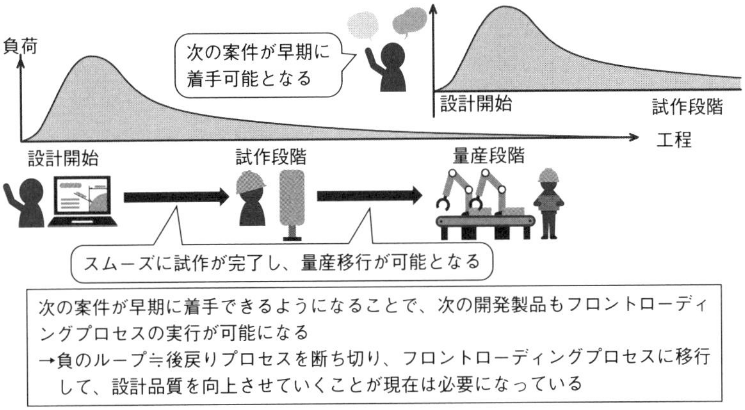

図 2-5 ●フロントローディングプロセスが生み出す好循環
（作成：筆者）

フロントローディングは、開発設計案件の設計品質の向上だけに寄与するものではありません。次の開発設計案件にも良い影響が続きます（図 2-5）。フロントローディングによって量産移行（移管）を実現したことにより、設計者は早期に次の開発設計案件に着手することが可能になるからです。

先述の通り、設計マネジメントを担う管理者は次の設計書をこれまでよりも早い段階で作成し、それを設計者に早期にインプットすることができます。すると、検証の工数をしっかりと確保でき、設計品質が高まります。

このように、フロントローディングを実現すると好循環が続き、最終的には設計手法の確立やノウハウの蓄積、リードタイムの短縮が可能になります。設計改革を進める上で最初に着手しなければならないのは、このフロントローディングプロセスの確立なのです。

2.2.1.1 フロントローディングの定義と注意点

では、フロントローディングの考え方を理解したところで定義を確認しておきましょう。

フロントローディング（Front Loading：FL；作業前倒し）
製品開発プロセスで業務の初期工程に負荷をかけ、作業を前倒しで進める手法のこと。できる限り早い段階で多くの問題点やリスクを洗い出し、対策して、初期段階から設計品質を高める。

ここで注意してほしいのが、「作業前倒し」という言葉です。筆者がフロントローディングプロセスの構築をコンサルティングしている時に、設計者と次のように話したことがあります。

設計者：フロントローディングって昔から言われていますが、作業前倒しなので、3Dモデルを設計の最初に作ればよいということですよね？
筆者：設計上、何も考えずに3Dモデルを作ると、後になって3Dモデルを修正しなければならなくなりますよね？
設計者：そうなんです。最初に作ったら作業前倒しになると思っていたのですが、フロントローディングのメリットであるはずのやり直しの削減につながらないのです。
筆者：それは、作業前倒しという言葉を取り違えていますね。

このように、フロントローディングの考え方をしっかりと理解せずに日本語の直訳である「作業前倒し」だけを実現すると、やり直しや手戻りが逆に増えてしまいます。訳し方が良くなかったのかもしれませんが、単なる作業前倒しではフロントローディングを実現できません。先の会話のように「作業≒図面を描くこと」と定義してしまうと、間違った設計改革になってしまいます。

フロントローディングの本当の意味は、「できる限り早い段階で多くの問題点やリスクを洗い出し、対策して、初期段階から設計品質を高めること」にあります。多くの問題点やリスクを洗い出すために第6章で説明する設計品質ツール〔設計書やDR、DRBFM（Design Review Based on Failure Mode；故障モードに基づく設計審査）など〕をしっかりと活用し、設計マネジメントを担う管理者として内容を検証していくことでフロントローディングが実現するのです。

2.2.1.2 フロントローディングの効果

では、フロントローディングをもう少し詳しく解説していきましょう。後戻りプロセスとフロントローディングを比較し、効果を確認します（図2-6）。

先ほどのフロントローディングプロセスの図と同じように、横軸に工程を、縦軸に負荷をとります。フロントローディングと後戻りプロセスとで、それぞれの図形の面積を比較してみてください。ここで「図形の面積」は「設計者の総工数」を表しています。図2-6を見ると、フロントローディングプロセスの面積の方が小さいことが分かります。「面積が小さい＝工数が少ない＝リードタイムが短いもしくは設計者の人数

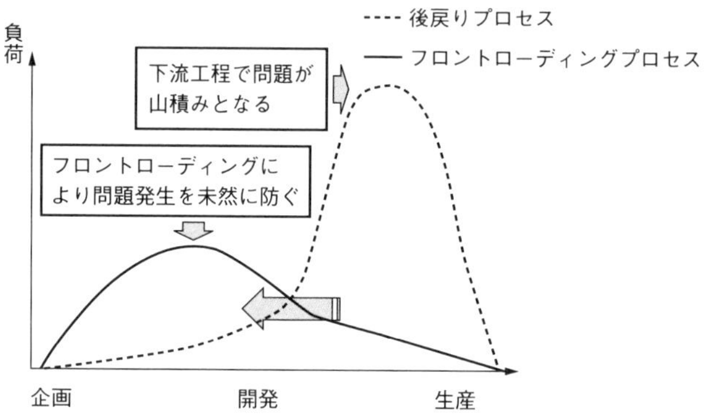

図 2-6 ●フロントローディングの効果
（作成：筆者）

が少ない」という関係が成り立ちます。

同図を見て分かる通り、フロントローディングへ変革している最中は業務が忙しく感じるのが普通です。筆者がフロントローディングへの変革をコンサルティングしていた時の設計部長との会話を紹介しましょう。

設計部長：フロントローディングの重要性も分かるし、当社に合致した実現方法もしっかりと作り込んでもらったのは分かります。しかし、設計者を見ていると以前よりも忙しくなり、工数がかかっているように感じます。本当にフロントローディングが実現できているのですか？

筆者：実現できていますよ。設計変更の数や製造段階での不具合報告書が大幅に減少しています。設計部長が気にしている違和感は、工数がかかる段階が今までと変わったことだと思いますよ。〈図を使いながら説明〉

設計部長：そういうことですか！　では、設計者の日報を設計の段階に分けて分析してみます。
筆者：その分析結果を私にも共有してください。しっかりと効果を検証します。

このように、総工数だけを見ているとフロントローディングに変革する効果が見えにくいのです。案件×工程別に工数を分析したり、設計変更や製造段階での不具合の件数を調査したりして、フロントローディングになっているかどうかをしっかりと検証してください。また、効果についてはQCD（品質、コスト、納期）の視点で確認してみましょう。

フロントローディングの実現により、QCDの全てが向上します。よく言われるのは、Dであるリードタイム（納期）の短縮です。しかし、ここから説明するQである品質（特に設計品質）に関する対応策の方が、リードタイムの短縮により大きく貢献します。

(1) Q（品質）
問題の未然防止により、後工程で発生する問題が大幅に減少します。また、設計プロセス内での修正や変更も少なくなります。その結果、手戻りや問題への対応で浪費する時間を減らし、本来の業務である設計に時間をかけることが可能となります。
加えて、時間的余裕が生まれることで、過去の設計の流用やモジュールへの集約を意識した設計内容（シンプル設計）が可能となります。その結果、以降の開発設計案件でもフロントローディングが可能となり、開発設計に好循環が生まれます。

(2) C（コスト）

コストについても検証するための余裕が生まれます。やり直しにかけていた時間を、VE（価値工学）などを使ったコスト削減にかけることができるようになります。その結果、目標コストへの達成が以前よりも早い段階で実現し、手戻りが少なくなります。設計工数が減少するので、開発費も低減します。加えて、時間的余裕により、価格査定を購買部門と連携して吟味できるようになり、適正価格での購入が可能となります。そのため、戦略的なVE活動が実現できるようになります。

(3) D（リードタイム）

リードタイムについては、QとCの結果として短縮が可能となります。特に目には見えない部分でのリードタイム（設計プロセス内でのやり直しなどの時間）が短縮すると共に、製造段階でのリードタイムも短くなります。設計部門の変更待ちや、加工しにくい、組み立てにくいという「造りにくさ」の問題が事前に解決されているためです。

このように、フロントローディングには多くのメリットがあります。あえてデメリットを挙げるとすると、設計者による属人的な従来のやり方ができなくなり、標準化された設計手法を実施しなければならないことです。

これまでに筆者は開発設計プロセスを変革するために多くの企業の設計部門に指導に入りましたが、一定の反対勢力は存在するものです。

「これまでの設計の方法を変えたくない」「変える必要がない」などと考えている設計者はたくさんいます。しかし、将来を考えると、現在の人員で同じ付加価値の製品を創出し続けるのは困難です。市場や顧客から要求される内容も年々高度になっています。そうした要求を実現するための時間を確保するためにも、現在の開発設計プロセスを変革し、より短い時間で設計を完了させなければなりません。そうしなければ、高度化する要求に答え続けることが難しくなります。

設計マネジメントを担う管理者は、10年以上先を見据えて改良・改革を推進していかなければなりません。今の方法を良しとせず、常に現状を否定し、改良・改革を続けていってください。そのためにも、まずはフロントローディングプロセスへの変革が必要となるのです。

2.2.2 コンカレントエンジニアリング

フロントローディングを実現するための1つの手法として、コンカレントエンジニアリングが存在します。フロントローディングは前工程に負荷をかける業務の手法を表現したものであり、それを実現するには、何かしらの仕掛けを施さなければなりません。そうした仕掛けの中で、最も重要な考え方がコンカレントエンジニアリングになります。

2.2.2.1 コンカレントエンジニアリングの定義

まず、コンカレントエンジニアリングの定義は次の通りです。

コンカレントエンジニアリング（Concurrent Engineering：CE；

同時進行活動）
設計から製造に当たるさまざまな業務を関連部署が同時並行的にこなし、量産までの開発プロセスをできる限り短縮する開発手法。

以前から日本の製造業が取り組んでいる仕組みの１つですが、近年再びこの仕組みが注目されています。

昔から取り組んできた内容は主に製造部門が中心でした。製造ラインの設計（工程設計）を設計と同時に進めることにより、早期に完成度を高めていく方法です。この方法は量産試作段階で確実な工程を完成させるために、設計の試作段階から工程設計を開始していきます。

コンカレントエンジニアリングではなく通常の開発手法であるバトンタッチ開発のプロセス（バトンタッチプロセス）では、試作が完了し、図面が出図された段階で工程設計をスタートさせます。そのため、量産試作段階のリードタイムが伸びるだけではなく、量産試作段階での加工や組み立ての方法の変更や修正が多発します。量産段階に入っても品質が安定せず、狙いの品質である製造品質の低下を招いてしまいます。こうした状態に陥らないように、製造品質を早期に確立させるためにも、コンカレントエンジニアリングは非常に重要な仕組みです。

加えて、昨今では購買部門との連携が注目されています。各部品の調達リードタイムが大幅に伸びており、今後も過去のリードタイムに戻ることはないと言われています。特にリードタイムが伸びている部品は半導体関係です。いかに強固なサプライチェーンを構築したとしても、世界的に半導体需要が増加しているため、これまでのような発注を続けていては、短いリードタイムで確実に入手することは困難です。

では、設計部門と購買部門がどのように連携しなければならないのでしょうか。現状の調達に関わる課題内容を整理してみましょう。

設計部門と購買部門が連携できていないことから発生する課題

(1) 設計完了後に調達するための内容を確認するが、設計が選定した部品の納期が出荷納期を超えている

(2) 設計が選定した部品が既に生産中止になっている

(3) 過去に製作を依頼していた企業が廃業している

(4) 設計が選定した部品の価格が過去よりも高くなっている

設計完了後に購買部門が調達内容を確認するバトンタッチプロセスではこうした課題が発生し、市場や顧客から要求されている納期に間に合わなくなってしまいます。加えて、価格が流動的になっているため、調達する段階で目標のコストを達成できないことが分かり、設計変更などを余儀なくされるケースもあります。こうした事が起きないように、購買部門は設計部門が設計をスタートする段階から設計内容に入り込んでいく必要があります。

コンカレントエンジニアリングを進めるために、まず必要な仕組みは、部品の標準化です。購買部門が戦略的に多く使用する部品については在庫を保有し、その在庫からの使用を設計部門に促すのです（図2-7）。その情報を受け取った設計部門は標準部品を使用し、市場や顧客から要求されている品質や性能を実現できる内容を構想していきます。

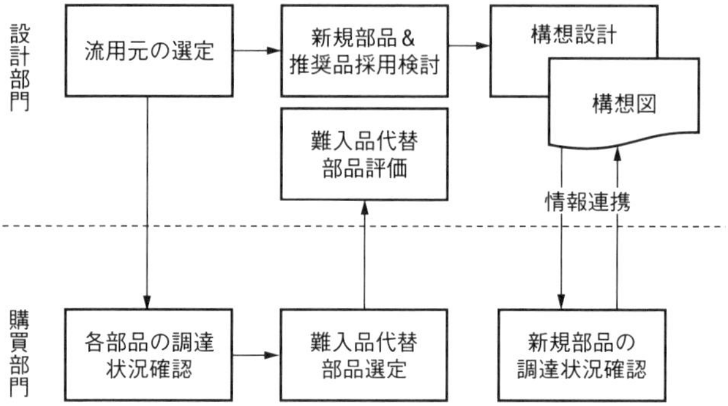

図 2-7 ●設計部門と購買部門のコンカレントエンジニアリング
（作成：筆者）

これを支えるのが部品の標準化なのです。

設計部門は、在庫で保有している購買部門推奨の部品をできる限り多く使用するように「標準部品の目標使用率」を設計目標として掲げます。例えば、標準部品の目標使用率を 70 ％と設定した上で開発設計をスタートさせます。残りの 30 ％の新規部品についても、設計が完了する前の段階で設計部門と購買部門が情報を共有しながら連携し、品質やコスト、リードタイムに問題ないかどうかを確認しながら調達していかなければなりません。

このように、設計部門が構想(基本)設計段階で購買部門と連携することにより、安定した調達が可能となるのです。コストについても早期に検討できているため、調達時点の見積もりでコストがオーバーするといったことも少なくなります。つまり、フロントローディングの実現には、製造部門だけではなく購買部門との連携の強化も大切です（図 2-8）。

コンカレントエンジニアリングは、情報を連携するタイミングが重要

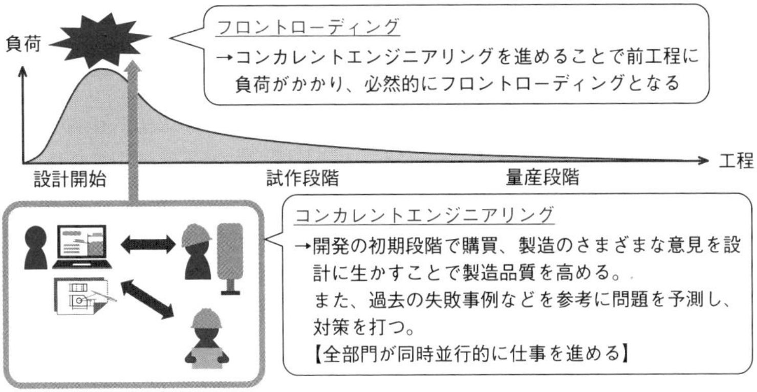

図 2-8 ●フロントローディングとコンカレントエンジニアリング
（作成：筆者）

です。設計開始後の最初の設計プロセスである構想（基本）設計の段階で情報を連携しなければなりません。工程が後になればなるほど、設計変更にかかる時間が多くなり、設計変更が難しくなるためです。購買や製造からの設計への制約条件を明確にし、その内容を設計に反映させることが必要です。まさにこの「生産設計」をできる限り早い段階で検討していくことにより、フロントローディングの実現が可能になります。

2.2.2.2　コンカレントエンジニアリングの特徴と効果

構想（基本）設計段階において、製造や購買、品質管理などの各部門全員がコンカレントエンジニアリング活動に参画し、早期に製品の完成度を高めていきます。設計の情報を連携するためにも 3D-CAD は必須となります。

2D-CAD（図面）の場合、商品企画に始まって基本設計、詳細設計、解析、試作というバトンタッチプロセスを踏まなければなりません。これに対し、3D-CADの場合は中核ツールのため設計内容が誰にとっても分かりやすい上に、製品全体が理解しやすいので、問題点の抽出などのリスクを検討しやすくなり、コンカレント的に活動することが可能になります。その結果、設計変更や設計ミス、調達部品の変更、製造方法の見直しなどが大幅に削減され、QCDの目標を同時に満たすことが可能です。

つまり、次のことが成り立ちます。

3D-CADを有効活用することにより、さらにコンカレントエンジニアリングが実施しやすくなる。

続いて、コンカレントエンジニアリングによるQCDへの効果も確認しましょう。

コンカレントエンジニアリングの効果

(1) 設計変更の最小化

開発設計段階〔製造移行（移管）される前段階〕で、できる限りの設計変更と改良を行い、試作や量産試作での変更を最小限にします（最終目標は試作レス）。

(2) 戦略的な原価低減活動の実現

設計や購買、品質、製造の全ての関係者に目標のコストダウン額を割り振ることで、各部門が原価低減を提案できるようになります。

→構想（基本）設計段階からコンカレントに活動しているため、早期に原価低減の提案を行うことが可能になります。

(3) 協力会社との協力関係、互恵関係の樹立

協力会社の早期の参加により、相互の品質問題の抑制とロスの低減が可能となります。加えて、無理なコスト削減の要求がなくなり、協力会社の利益確保が可能となります。

(4) 開発費の低減と開発から量産導入までのリードタイムの短縮

従来の開発設計プロセスであるバトンタッチプロセスによる、試作評価に頼った開発体系を抜本的に変更。試作レスに挑戦する開発プロセスとなります。開発費用とリードタイムを大幅に削減するとともに、変化する市場ニーズに素早く対応することが可能となります。

2.3　あるべき開発設計プロセスとは？

フロントローディングやコンカレントエンジニアリングの必要性が理解できたところで、開発設計プロセスのあるべき姿を確認しましょう。

フロントローディングでは、構想（基本）設計の段階でいかに多くの負荷をかけ、リスクに対する対応策を検討できるかがポイントになります。多くの企業では各部門の情報や書類の連携についてのプロセスは明確になっているものの、開発設計をどのように進めるのかが明確になっていません。設計者の頭の中にプロセスがあるだけで、設計の手順や方法が決められていないのです。まさに属人化です。よくあるのが次に示

す会話です。

―― 開発設計プロセスを確認後 ――

筆者：これでは設計者がどのような手順で設計を進めていくかが分かりません。設計者によって製品の品質が左右されるような仕事の仕方になってしまっています。

設計課長：開発設計案件によって設計の方法や手順は変わります。設計の仕方なんて設計者に依存されるものであり、仕事の仕方の標準化なんてやっても意味ないでしょう。不毛な議論ですね。

筆者：それでは、設計品質が左右されないようにどのように確認しているのですか？

設計課長：設計品質は設計者が作り込むものでしょう？　最低限の不具合やクレームが発生しないように確認はしますが、後は設計者が考えなければなりません。

筆者：設計課長の考え方は分かりました。（これは設計の仕方の考え方から変革しなければならないな……。）

この会話は実際にある企業に指導に入り、開発設計プロセスの改革について議論した時の内容です。ここまで極端に設計方法の標準化に対して否定的に捉えている人は少ないにしても、ベテランや設計能力が高い人の中には結構いるというのが現実です。しかし、同じように考えているようでは、設計マネジメントを担う管理者としては失格です。それでは設計者の１人と変わりません。そうした考え方はきっぱりと捨て、設計マネジメントを担う管理者として、チームで設計業務を進めることを念頭に置いてください。さらには自分で図面を描かないで済むチーム運営を考えなければなりません。開発設計プロセスをしっかりと確立した上で、そのプロセスを実行しながら設計品質を確保できるようにしていきましょう。

それではそれぞれの段階の内容を説明しましょう。

2.3.1　企画（商品企画）＆受注段階

設計へのインプットは量産系の製品の場合と受注系の製品の場合とで分けて考えましょう。

2.3.1.1　企画段階〔量産系の製品（見込み生産品）の場合〕

まず、あるべき開発設計プロセスを示したのが、図2-9および図2-10です。この中で、企画段階は、設計者ではなく主に営業や商品企画部門が中心となって進めていく段階ですが、技術的な内容は技術部門と連携をとらなければ進めることができません。設計者は技術的な視点でのサポートを行うと考えてください。

営業・商品企画は顧客ニーズを収集し、データベース化します。つまり、これはマーケティングの段階です。さまざまな視点で情報を収集していきますが、最近ではSNS（交流サイト）も重要な情報源となり得ます。市場から要求さている内容を整理し、製品を市場に投入するタイミングを設定します。これが商品ロードマップです。

商品ロードマップには商品の概要の検討が必要であり、その概要には

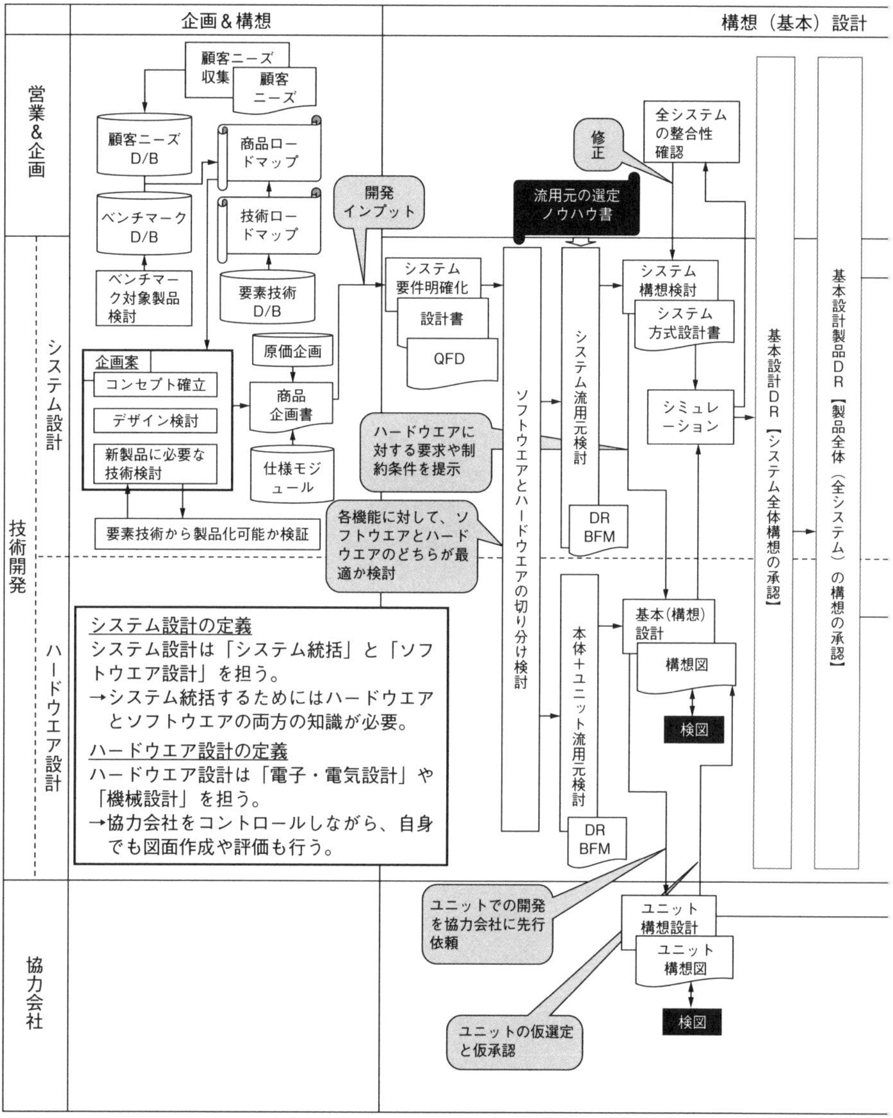

図 2-9●あるべき開発設計プロセス（企画＆構想から詳細設計）
（作成：筆者）

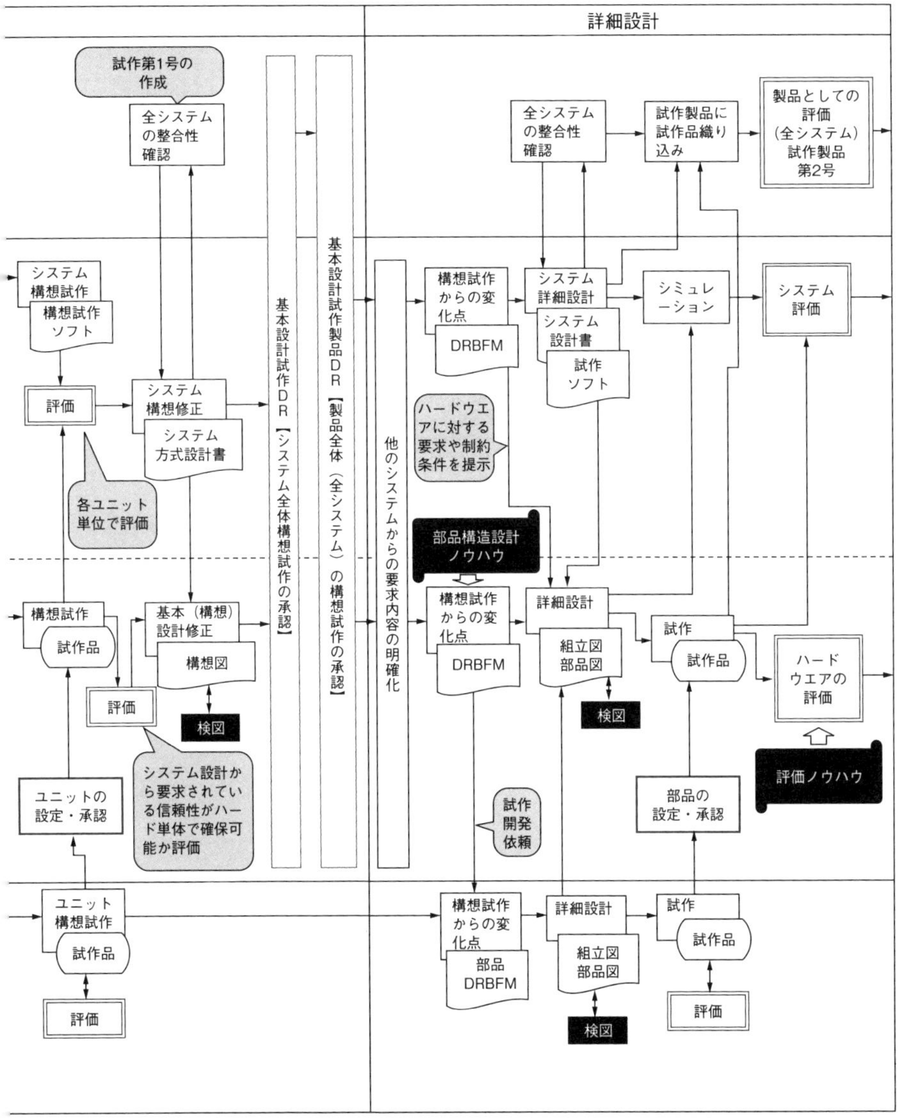
詳細設計
試作第1号の作成
全システムの整合性確認
基本設計試作DR【システム全体構想試作の承認】
基本設計試作製品DR【製品全体（全システム）の構想試作の承認】
全システムの整合性確認
試作製品に試作品織り込み
製品としての評価（全システム）試作製品第2号
システム構想試作
構想試作ソフト
評価
システム構想修正
システム方式設計書
各ユニット単位で評価
他のシステムからの要求内容の明確化
構想試作からの変化点
DRBFM
システム詳細設計
システム設計書
試作ソフト
シミュレーション
システム評価
ハードウエアに対する要求や制約条件を提示
部品構造設計ノウハウ
構想試作
試作品
基本（構想）設計修正
構想図
評価
検図
構想試作からの変化点
DRBFM
詳細設計
組立図
部品図
検図
試作
試作品
ハードウエアの評価
評価ノウハウ
システム設計から要求されている信頼性がハード単体で確保可能か評価
ユニットの設定・承認
試作開発依頼
部品の設定・承認
ユニット構想試作
試作品
評価
構想試作からの変化点
部品DRBFM
詳細設計
組立図
部品図
検図
試作
試作品
評価

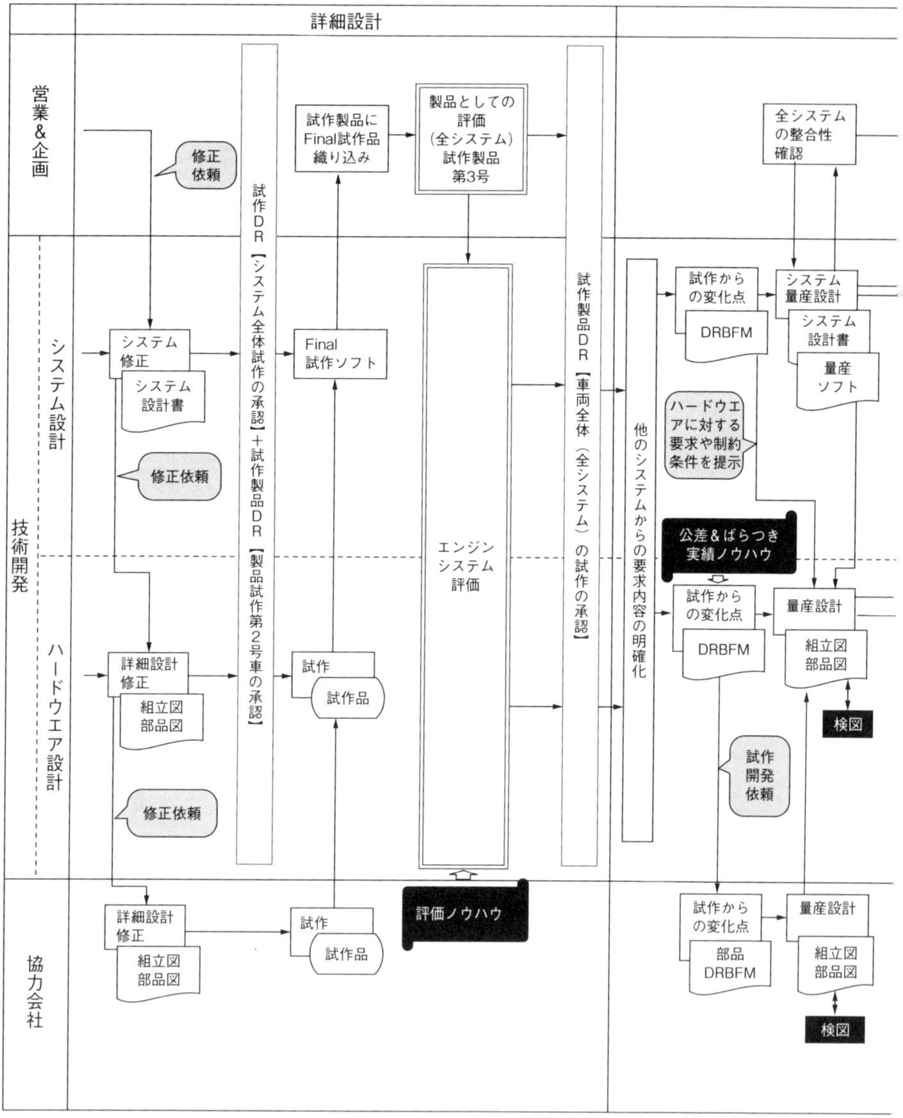

図 2-10 ● あるべき開発設計プロセス（詳細設計から量産設計）
（作成：筆者）

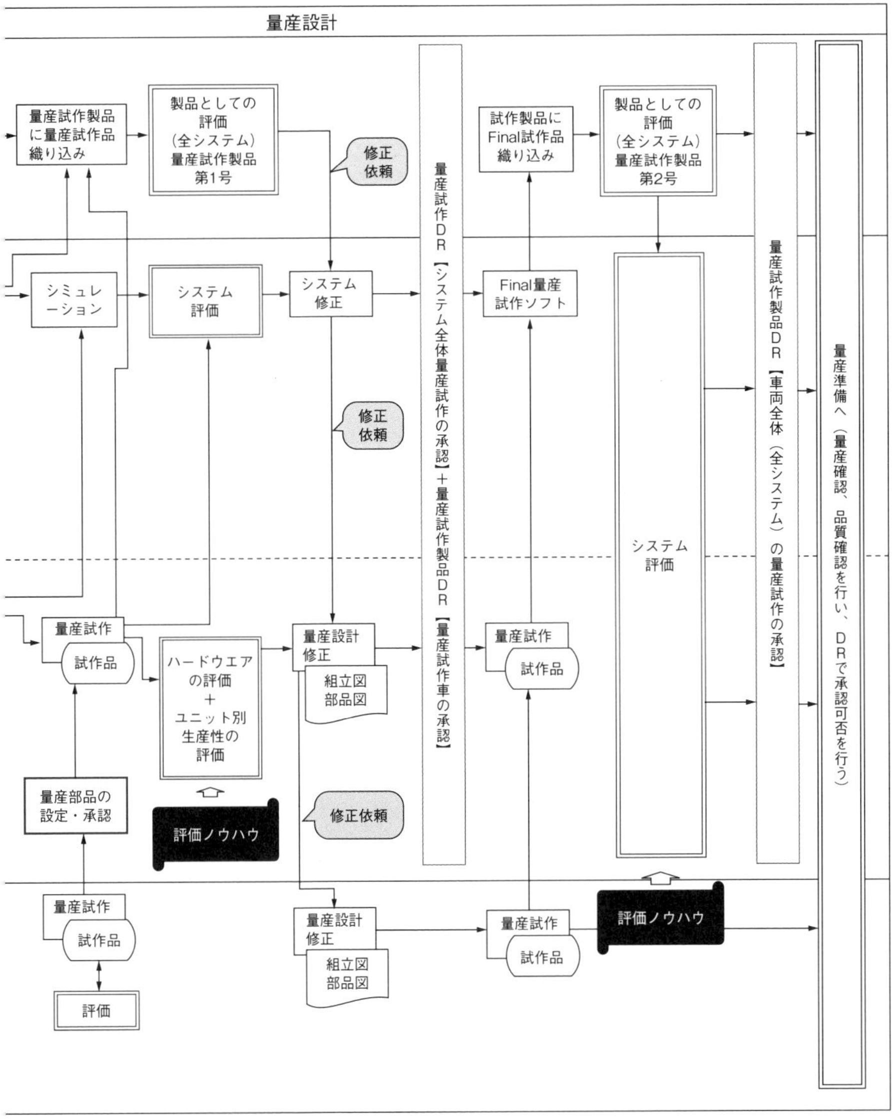
量産設計
量産試作製品に量産試作品織り込み
製品としての評価（全システム）量産試作製品第1号
修正依頼
量産試作DR【システム全体量産試作の承認】＋量産試作製品DR【量産試作車の承認】
試作製品にFinal試作品織り込み
製品としての評価（全システム）量産試作製品第2号
量産試作製品DR【車両全体（全システム）の量産試作の承認】
量産準備へ（量産確認、品質確認を行い、DRで承認可否を行う）
シミュレーション
システム評価
システム修正
Final量産試作ソフト
修正依頼
システム評価
量産試作
試作品
ハードウエアの評価＋ユニット別生産性の評価
量産設計修正
組立図
部品図
量産試作
試作品
量産部品の設定・承認
評価ノウハウ
修正依頼
量産試作
試作品
評価
量産設計修正
組立図
部品図
量産試作
試作品
評価ノウハウ

技術的内容も盛り込んでいく必要があります。商品ロードマップは５年先などを見据えた将来の商品を検討したものなので、保有していない技術は、その商品を製品として設計するまでに確立させる必要があります。その道筋を描いたものが技術のロードマップとなります。

技術ロードマップは、商品ロードマップと要素技術データベース（以下、要素技術 DB）から検討していきます。要素技術 DB はその企業が現在保有している技術をデータベース化したものであり、その技術内容から今後必要となる要素技術を検討して技術ロードマップに反映します。

商品ロードマップと技術ロードマップから開発設計リードタイムを設定し、製品開発をスタートさせるタイミングを決定します。そのタイミングになったら、商品企画の検討をスタートさせます。製品の企画では主に「コンセプトの確立とデザインの検討、新製品に必要な技術検討」を行っていきます。商品企画を立案するための項目は各企業で決まっているため、それらの項目内容に従って検討を進めていきます。ここでは、設計マネジメントを担う管理者が商品企画で特に関わる重要な部分を解説します。

設計マネジメントを担う管理者として商品企画に関わる重要なポイント

（1）ターゲット顧客の明確化

（2）差異化点

（3）顧客へのポイント

A：見て分かる

B：使って分かる

C：使い終わって分かる

(1) ターゲット顧客の明確化

ターゲット顧客は、その製品をよく購入して使ってくれる顧客であり、マーケティングによってターゲット顧客を設定します。設計マネジメントを担う管理者がターゲット顧客について理解しておかなければならないのは、その顧客が製品をどのような環境で使用し、どのような使い方をするかを理解することです。

製品が同様の機能を保有していても、使う顧客が変われば、製品の使用環境や使い方が変わります。それらにより、思ってもみなかった場所で想定外の使い方をされて不具合につながることがあります。ターゲット顧客を明確にし、使われ方までしっかりと捉えた商品企画の例を紹介しましょう。

それは、アキレスの子供用運動靴「瞬足」です。この瞬足の開発秘話は非常に興味深いといえます。「潜在ニーズ」を「顕在ニーズ」として浮き彫りにし、多くの顧客が興味を引く製品に仕上げたからです。

通常の運動靴は底面のスパイクが左右対称になっているのに対し、瞬足は左右非対称になっています（図2-11、2-12）。左右非対称に結びついたこのアイデアは、ターゲット顧客の徹底的な「観察」の賜物《たまもの》です。

図2-11と図2-12を比べて分かる通り、通常の運動靴のスパイクは左右対称であるのに対し、瞬足では左右非対称になっています。この左右非対称となるスパイクのアイデアは、子供の運動会の様子を見てい

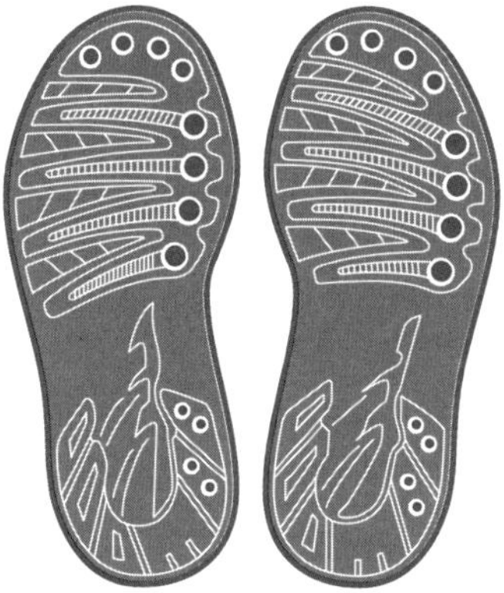

図 2-11 ●アキレスの「瞬足」の裏面
（イラスト：穐山里実）

図 2-12 ●通常の運動靴の裏面
（イラスト：穐山里実）

て湧いたそうです。

子供たちが新しい運動靴を欲しがるタイミングは、運動会など競争しなければならないイベントが開催される時期です。例えば、「運動会の徒競走で１番になりたい」「速く走りたい」「速く走っている姿を保護者に見せたい」という動機が子供に生じるからです。この動機がニーズになっていると考えてよいでしょう。

ただし、そのニーズは子供から直接かつ具体的に伝わるわけではなく、単に子供から保護者に「新しい靴が欲しい」という言葉としてしか伝わりません。要は、そのニーズは潜在ニーズなのです。では、その潜在ニーズに応えるための運動靴とはどのようなものなのでしょうか。

アキレスは潜在ニーズをさらに深掘りするために、どのような環境で運動靴が使われているのかを観察しました。目にしたのは都会の子供たちが狭い運動場を走りにくそうにしている姿だったそうです。なぜ走りにくいのでしょうか。狭い運動場のコーナーは非常に急カーブとなっています。その急カーブを速く走ろうと一生懸命に腕を振っていますが、うまくバランスを取りながら速く走れている子供はなかなかいませんでした。この急カーブを速く走ることができる運動靴を開発すれば子供たちは喜んでくれると、アキレスは確信したそうです。

そこから同社は徹底的に運動場を調査しました。調査の結果、運動場は「反時計回り」に走るものしか存在しないことが分かりました（反時計回りしか存在しない理由は諸説ありますが、1912年に国際陸上競技連盟が陸上のコーナー走において反時計回りをルールとして統一したところから始まっているといわれています）。こうして「使われる環境」が明確になったところで、さらに「使い方」についてアキレスは調査しました。コーナーでの困り事を1つひとつ丁寧に調査していったのです。

・コーナーで踏ん張りが利かずに、右足が外側にスライドして転倒する
・転倒しないようにスピードを落としてしまう
・遠心力に負けて膨らんでしまい、走行距離が長くなってしまう

こうした困り事や使用環境に合わせて、同社はどのような運動靴が必要なのかを検討していきました。既成概念を捨て、運動靴の形状を調査していくと、他社の商品も含めて全ての運動靴が左右対称のスパイクとなっていました。コーナーを速く走るために左右対称が必要かどうかを検討すると、必要がないこと、むしろその左右対称こそが速く走るための弊害になっていることが分かりました。

そして、左右対称ではなく、コーナーを速く走るスパイクにするには

どうすべきかを考えた結果、左右非対称のスパイクという答えにたどり着きました。特に遠心力に対抗するために、内側の踏ん張りが利くようにスパイクを配置している工夫が分かると思います。

こうしてこのスパイクの形状やコーナーで転倒せずに速く走れるというセールスポイントを実現し、アキレスは販売開始後、半年で約3万足を販売することができました。

このように、使用する環境や使い方を観察することで、困り事の多くを解決することができます。設計マネジメントを担う管理者として、こうした内容を理解・把握した上で設計者に情報をインプットするのは非常に重要な業務内容といえます。この瞬足で設計マネジメントを担う管理者にとっての情報把握ポイントを整理してみましょう。

設計マネジメントを担う管理者として商品企画に関わる重要ポイント

(1) ターゲット顧客の明確化

子供（小学生以下）。

(2) 差異化点

速く走りたいという子供に特化し、製品開発を進める。

→コーナーを速く走ることが可能な運動靴の製品化を目指す

(3) 顧客へのポイント

A：見て分かる

スパイクが左右非対称

B：使って分かる

コーナーを速く走ることができる

C：使い終わって分かる

徒競走で順位が上がる

単純に「速く走ることができる運動靴」として設計者にインプットしてしまうと、これまでの既成概念を崩せず、左右対称のスパイクでスパイク形状のみを工夫する製品になってしまうでしょう。これに対し、インプット段階で前記のような内容が明確になっていると設計者は設計しやすい上に、さまざまな機能を創出しやすく、環境の調査や評価もしやすくなります。設計マネジメントを担う管理者はしっかりと前記のような内容をインプットしてほしいと思います。

ここで話を商品企画書に戻しましょう。商品企画案が作成されたら、その製品に必要な新しい技術内容を確認していきます。具体的には、先行開発部門で要素技術の製品化が可能かどうかを検証している内容を確認することになるでしょう。その内容から、製品に組み込むことができるかどうか確認していきます。その結果を商品企画書に反映し、商品企画書を完成させます。

商品企画書には、原価企画として目標原価の設定も必要です。目標原価の設定は、各ユニットなどに細分化された目標原価が必要になります。単純に製品から利益を引いて目標原価を設定しているだけでは、目標原価の達成が難しいだけではなく、目標原価の達成を設計者に丸投げしているようなものです。過去の製品から各ユニットに対してどのような原価にできそうかという見込みを設計マネジメントを担う管理者と議論しながら進めていかなければなりません。

さらに、製品の目標スペックを設定するために、過去の製品の仕様内容のDB（仕様モジュール）を確認していきます。新たな機能の部分を追加し、市場から要求されている製品全体の目標品質や目標性能を定めていきます。

このように、インプット段階である企画段階でも設計マネジメントを担う管理者は営業・企画部門と議論しながら製品の方向を定めていく必要があるのです。

2.3.1.2　引き合い・受注段階（受注製品の場合）

受注製品の場合は、量産系の製品とは違って既に顧客が決まっています。その顧客の要求を明確にしてから設計をスタートさせる必要があります。

まず、顧客からの引き合い情報を明確にします。その引き合い情報から要求仕様書を確認し、仕様内容に合致する、もしくは仕様が近い製品をピックアップしていきます。その段階が「流用元の選定」です。

この流用元の選定は、設計マネジメントを担う管理者が行うべきでしょう。理由は経験が浅い設計者は過去の製品の全てを知っているとは限らないからです。そうした状況で設計者に流用元の選定を任せるのは非常に酷ですし、仮に設定できたとしても、仕様を調査するのに多くの時間がかかってしまいます。時間がかからないように設計者が知っている範囲内の過去の製品から抽出してしまうと、カスタマイズ内容が増加したり、構造的に大きな変更を余儀なくされたりする可能性があります。また、流用に対して流用元の整理を日々実施しておかなければ、経験がある管理者であったとしても、流用元を選定するのに多くの時間がかかってしまいます。

受注生産型の企業であれば、製番や工番システムを使用していることが多いと思いますが、流用元を過去の製番や工番から選択するような仕組みにしてはいけません。先述のように、流用元の製品を選択するのに多くの時間がかかってしまうからです。標準機として過去の製番や工番のカスタマイズ内容を整理したり、モジュール化したりすることで、製番や工番から選択しなくても簡単に流用元をピックアップすることが可能になります。設計マネジメントを担う管理者はぜひ、カスタマイズ部分のモジュール化に取り組んでほしいと思います。

流用元の選択が終了したら、顧客の要求仕様書からカスタマイズ領域を明確にしていきます。その結果から変化・変更点管理を行い、変化点と変更点の「視える化」を行っていきます〔変化・変更点管理については第6章を参照〕。カスタマイズ領域が明確になれば、概略構想を行いながら顧客打ち合わせを経て、製品全体の見積もりを検討していきます。

見積もりには、コストが整理されたコストテーブルから価格を選定していくことで、製品全体の見積もり金額が決定します。この際に、コストテーブルから検討されたユニットごとの原価が目標原価に変わり、設計者にインプットされます。

2.3.1.3　企画or受注DR

量産系の製品であれば商品企画書、受注製品であれば概略構想や見積もり仕様、見積書についてDRを実施します（DRについては第6章を参照）。DRには技術部門や購買部門、製造部門、品質保証部門など多くの関係部門が参加します。それぞれの内容についてQCDに問題がないかどうかなど、各部門の目線で問題点を抽出していきます。

DRは各製品の説明会にならないようにしなければなりません。ポイントは問題点の抽出とその対応策の検討です。その対応策が全て技術部門に丸投げされないように各部門で対応策の実現を検討していく必要があります。

2.3.2 構想（基本）設計段階

設計部門にインプットされた後は、量産系の製品も受注製品も設計の手順や方法は変わりません（もちろん、製品ごとに検討しなければならない内容や設計で必要となる計算類は大きく異なります）。従って、構想（基本）設計を進めていく上で違いはありません。さらに言えば、先ほど解説したフロントローディングを実現するために最も重要な部分こそ、構想（基本）設計段階です。では、インプット後の内容とマネジメントするポイントも含めて確認してきましょう。

2.3.2.1 システム要件明確化〔設計書とQFD（目標性能・品質）〕

商品企画書や見積書・受注仕様書を確認し、まずは製品≒システムとしての要件を整理しなければなりません。この要件は目標品質や性能の設定はもちろん、その品質や性能を実現するための方向性を明確にし、設計者にインプットしなければなりません。詳細は第6章の設計書の項で解説します。ここでは開発設計プロセスに結びつく部分について説明します。

市場や顧客が要求する内容から、機能を明確にする必要があります。設計者はこの機能を頭の中で思い描きながら部品の選定や形状の検討を行っていますが、それぞれの部品やアセンブリがどのような機能を保有しているかについては、図面を見ただけでは分かりません。実際に設計した設計者しか分からない内容だからです。

今回の開発設計案件だけだと捉えると、設計者がその案件を設計しているので問題はないかもしれません。ところが、今後、その開発設計案件を引き継ぐ設計者やその案件を流用しようと考えている設計者は、製品に要求されている機能が明確になっていないため、どの部分を変更してよいかについて、非常に悩むことになります。

悩みながらでも間違いのない変更や修正ができれば問題はありませんが、多くの不具合やクレームは、設計者の頭の中にあるこうした内容が明確になっていないまま、他の設計者が新たな製品で設計変更を実施することによって発生しているという現実があります。従って、製品に求められる機能を明確（機能系統図）にしてから設計をスタートさせましょう。

機能については、商品企画書や見積書・受注仕様書からその開発設計案件を担当する設計者が抽出するように設計マネジメントを担う管理者は指示してください。設計マネジメントを担う管理者は、設計者が抽出した機能が要件に合致しているかどうかを確認した上で、設計方針を立案します。

この設計方針は、必ず設計マネジメントを担う管理者が検討するようにしてください。理由は、機能を実現する大きな方向性を決定するには、ある程度の設計の経験値が必要になるからです。設計方針まで設計者に丸投げしてしまっては、先ほど述べたように設計者によって製品品質が変わってしまう恐れがあります。

設計方針の検討が終了したら、その設計に必要な技術的な内容の抽出を行ってください。設計方針の大きな枠からはみ出さないように、設計に必要な技術を抽出していきます。技術内容の選定には、設計マネジメントを担う管理者と設計者の両方が議論しながら検討していくと、その後の設計がスムーズに進むようになるでしょう。

その後、設計の目標値である目標品質や目標性能を決定していきます。このときに使用すると便利なツールがQFD（Quality Function Deployment；品質機能展開）です。ここでQFDを簡単に説明しましょう。①縦軸に顧客ニーズ（要求品質）を、②横軸に品質特性（性能や耐久性など）を記載し、マトリクス表を作成します（図2-13）。

続いて、③顧客ニーズ（要求品質）と品質特性の相関を確認し、関係性があるものをチェックしていきます。そのチェックした数字を計算し、合計点数を算出します。その合計点数は、顧客ニーズと品質特性の相関性の高さを表しています。合計得点が高いのは、顧客ニーズに関係が非常に深い品質特性項目であるという意味であり、顧客が求めている品質項目であるということを指しています。例えば、トヨタ自動車（以下、トヨタ）の「プリウス」のようなハイブリット車では、「燃費」が最も求められている品質項目となります。

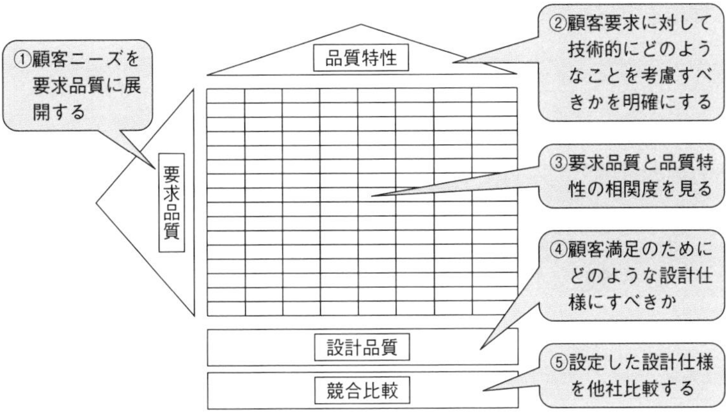

図 2-13●QFD 表
（作成：筆者）

重要品質特性項目の抽出が完成したら、次に④競合他社とその品質特性項目の数字を比較します。先ほどの燃費であれば、競合他社の最も良い燃費のクルマと比較します。こうして燃費を比較した上で、今回の開発設計案件の目標値を設定します。この目標値は、顧客が求めている品質項目なので、競合他社に最も負けてはならないものとなります。性能面および品質面で確実に競合他社を上回ることができる数字を目標値に設定しなければなりません。

このように、顧客ニーズと目標とする設計品質を定量的かつ定性的に結びつけることが、その後のクレームの削減に大きく寄与します。

2.3.2.2　ハードウエアとソフトウエアの切り分けと流用元の検討

機能の抽出と設計方針、設計目標値が決定したら、次に実施すべきことはハードウエアとソフトウエアの切り分けの検討です。要求されている機能を実現して目標値を達成するためには、ハードウエアの方がよいのか、それともソフトウエアの方がよいのかを検討していきます。

この切り分けは多くが流用元からの流れで決まったり、コスト面や設計者の人員面で決定したりしてしまいがちですが、本来は違います。先ほど述べたように、要求されている機能を実現しながら、市場から要求されている性能値をどのようにすれば達成できるのかをゼロベースで考えるべきです。そうした進め方でなければ、現状の製品からの脱却ができずに「＋α」程度の改良製品しか創出できなくなってしまうでしょう。ここも設計者と設計マネジメントを担う管理者が協力しながら切り分けを検討していくべきでしょう。

ハードウエアとソフトウエアの切り分けが完了したら、それぞれの設計者が流用元の選定に入ります。流用元の選定は設計担当者が実施しますが、過去の製品が整理されておらず、流用元の選定に迷いが生じるようであれば、設計マネジメントを担う管理者が手助けしなければなりません。過去の製品の仕様を紐解《ひもと》いたり、図面を確認したりする作業は非常に多くの工数を使います。また、ドキュメント類から過去の案件が達成した機能や性能の全てが分かるとは限りません。そのため、流用元の選定を設計担当者に丸投げするのは乱暴です。設計マネジメントを担う管理者がしっかりとサポートすべきです。

流用元の選定が完了したら、変化・変更点管理＋DRBFM（詳細については第6章を参照）を実施します。流用元からカスタマイズしなければならない部分や、流用元から変化がなくても使われる環境次第で変更しなければならない部分などを抽出していきます。抽出の結果、各変化や変更に対するリスクをあらかじめ検討しておきます。そして、その対応策を検討してから具体的な構想（基本）設計がスタートします。この内容についても設計者と設計マネジメントを担う管理者の両者でしっかりと検討していってほしいと思います。

2.3.2.3　構想(基本)設計DR

続いて、各システムの構想内容についての DR を実施します。それぞれのシステム（ユニット）別に DR を実施し、最終的には製品全体の DR を実施します。

自動車でいえば、エンジンのシステムについての DR を実施し、その後、車両全体の DR を実施します。各システム（ユニット）と製品全体の DR を分ける理由は、それぞれのユニットの詳細内容についてのリスクを抽出するためには、製品全体の DR では抽出できないからです。加えて、各システムでの DR では、他のシステムとのインターフェースや製品としてのリスクを抽出することは難しいといえます。

このように、段階的に DR 実施することによって的確なリスク抽出が可能となり、設計品質が向上します。

2.3.2.4　構想(基本)試作

この構想（基本）試作は、本来の試作を実施する前に、新しい機能の部分のみに着眼して行う試作です。これにより、新しい機能に関する性能やリスクを確認します。3D プリンターや手作りで加工した部品を使用して評価します。本来の試作とは異なり、試作品を全て入手するのに数カ月も要するようなものではなく、長くても1カ月程度で試作品を造り込んで評価することが重要です。

ポイントは、フロントローディングです。フロントローディングでは試作レスが推奨されるケースがありますが、新しい機能や企業としてチャレンジする内容については試作を省略してはいけません。省略すると、逆にフロントローディングどころか、後で問題が発覚する恐れすらあります。

2.3.2.5 構想(基本)設計試作DR

構想（基本）設計試作DRでは、構想（基本）試作で確認した内容についてDRを実施します。目標とする性能や品質を十分に満たせる見込みであるかどうかを確認します。

ここで重要なポイントは、評価の結果が満足いくものであったとしても、あくまでもその評価結果は見込みであるということです。量産で言えば、まだ「n＝1（評価総数が1個のみ)」の結果なので、新たなリスクを抽出しなければなりません。

ここでリスクを抽出しておかないと、本来の試作段階で目標値に対して大幅未達という結果が発生しかねません。例えば、ばらつきに対するリスク検証の方向性をこの段階で検討しておく必要があります。

2.3.3 詳細設計段階

詳細設計段階は、量産系の製品にとっては試作品を作成して検証する段階です。一方で、受注製品の場合は、この設計段階が最終の設計工程になります。受注製品の設計にとっては、この詳細設計段階で間違いやミスが発生すると製品に反映されてしまうため、慎重に工程を進めていく必要があります。構想（基本）設計と同様に、開発設計プロセスの重要なポイントと共にマネジメント内容も確認していきましょう。

2.3.3.1　他のシステムからの要求内容の明確化

構想（基本）設計の最終の段階でDRを実施しており、各システムのインターフェースの整合性やリスクを確認していることから、各システムで設計内容の変更が発生していることでしょう。システムの方式に関わるような内容の変更はなくても、機能の追加や、リスクへの対応による形状変更や制御変更などは発生しているはずです。それらの内容をまずは確認し、自分自身が設計しているシステムにどのような影響があるのか、リスクがないかを検討しなければなりません。

その検討を進めるためにも、まずは他のシステムからの要求内容の情報を収集するところから始めてください。この情報収集は設計者が実施し、設計マネジメントを担う管理者は収集された情報を確認し、自部門の設計への影響を確認してください。DRで決定したとはいえ、改めて考えると自部門への影響が非常に大きい場合、他の部門も含めて再度検討が必要になります。

2.3.3.2　変化・変更点管理＋DRBFM

他のシステムからの要求内容を収集し、変化・変更点管理を実施します。他のシステムが変更されることによるリスクがないかどうかを確認していきましょう。そのリスクへの対応策を決定してから詳細設計に入っていきます。

また、この時点でシステム設計（エレキ・制御）は、ハードウエア設計（メカ）に対しての制約条件を連絡していきます。特に必要な内容は、センサーなどの取り付け位置やハーネス関係の場所など、ハードウエアに影響する内容を連絡していきます。ハードウエア設計者はその制約条件を受けて、全体レイアウトとして成立するかどうかを検討します。

もちろん、システム設計側が一方的に制約条件を投げるだけではいけません。システム設計とハードウエア設計者の両者で議論してください。設計マネジメントを担う管理者は、システムとハードウエアの整合性を図るようにマネジメントしていかなければなりません。それぞれの設計者は自分の設計に対しての意見が中心ですが、設計マネジメントを担う管理者は製品やシステム全体を見たときに、どちらの設計で対応する方が適切かを検討しなければならないからです。

2.3.3.3 試作DR

各システムにおける設計内容と評価結果を試作DRで確認していきます。試作レスの場合は、シミュレーションの結果が試作評価結果に相当するため、その内容を確認していきます。構想（基本）設計時と同様に各システムでDRを行い、リスクへの対応策を確認していきます。

その後、各DRが全て終了したら、DRで決定した内容を全て製品に織り込み、製品全体の評価を行います。その際に各システムでの評価項目を持ち寄り、設計者全員で評価を実施していきます。

評価終了後、製品全体のDRを実施し、量産試作に移行してよいかどうかについて判断を行います。この時点で確認しなければならないのは、量産におけるばらつき（量産ばらつき）を含めて問題がない見込みが立っているかどうかです。ばらつきの検証をほとんどせずに量産試作に入ってしまうと、多くの問題点が発生し、設計変更が多発します。その結果、目標品質や目標性能を達成できなくなる可能性があります。従って、量産状態をしっかりと想定し、リスクとその対応策を検証してください。

また、受注製品では最終段階のDRとなります。量産試作と同様に、このDRを通過してしまうと後は製造工程のみとなっているため、組み立て性や加工性を考慮できていない場合は製造工程でのやり直しや設計変更が多発してしまいます。そのような状況にならないように、DRで設計内容をしっかりと検証しましょう。

MEMO

システム設計の組織体制

現在生み出されている製品の多くはシステム製品です。もともとメカ（機械）だけで駆動していた部分を電動化することで、製品に多機能化をもたらしました。ここにさらに制御を加え、市場や顧客の要求に応えようと日々進化しているのがシステム製品です。では、このシステム製品は、どのような組織体制で設計が進められているのでしょうか。

自動車メーカーを代表に、製造業にはメカを基盤としたものづくりから発展した企業がたくさんあります。そのため、システム製品と言いながらメカ設計がベースになっているケースが多く見られます。そうした企業では、図2-Aのような設計の進め方をします。

まず、メカの大部分を決定して設計した後、メカ設計では実現できない部分をエレキ設計によって電動化してユニットにする。続いて、その電動化されたユニットをソフトウエア設計（以下、ソフト設計）で制御するシステム製品に仕上げるというものです。

つまり、[1] メカ設計と [2] エレキ設計、[3] ソフト設計の 3 つの設計部門がバトンタッチしながら設計を進めていきます。これは、メカ設計が決まらないとエレキ設計によって電動化する部分が明確にならず、さらにエレキ設計が決まらないとソフト設計で制御すべき内容が決まらないといった構図です。

こうした設計の進め方を採るため、設計の主役はメカ設計であり、メカ設計者が全体をマネジメントすることになります。この設計組織体制が必ずしも間違っているというわけではありません。しかし、メカ設計が完了してから設計をスタートしているため、エレキ設計やソフト設計で実現したいことができない可能性があります。また、メカ設計で不具合が生じると、その不具合の影響をエレキ設計やソフト設計も受けてしまい、再度設計をやり直さなければならなくなります。

さらに言えば、設計の終盤になって性能が出ない場合や目標品質に届かない場合、メカ設計を修正するのは時間とコストがかかるため、ソフト設計で何とか対応できないか検討することになります。その結果、ソフト設計の負荷が重くなる上に、結局は性能や目標品質を満たせないといった状況が発生してしまうのです。

図 2-A ●現行のシステム設計の進め方
（作成：筆者）

「ソフトウエアファースト」に見直す

このように、設計部門でメカ設計の立場が強すぎて、システム製品であるにもかかわらず、メカ設計の方法から脱却できていないケースが目に付きます。設計者の人数割合もメカ設計がダントツに多く、エレキ設計やソフト設計が少ない場合が珍しくありません。

こうした組織体制では、付加価値の高いシステム製品を生み出すことができません。従来のメカ設計中心の製品に「＋α」した程度の改良型製品の設計が中心になってしまいます。これでは環境変化の速い昨今のグローバル環境に付いていくことができません。

では、具体的にどのように組織体制を見直す必要があるのでしょうか。2020 年 3 月にトヨタが「ソフトウエアファースト」を宣言しました。この宣言の中には「ハードウエアとソフトウエアを分離してソフトウエアを先行して開発すること」とあります。筆者はこれを、「開発の主導権をソフト設計が担いなさい」という意味だと捉えています。これからは最初にソフトウエアによって実現すべき機能を検討し、そのソフトウエアの動作を可能にするハードウエアを選定して設計するという流れに変わっていくことでしょう（**図2-B**）。

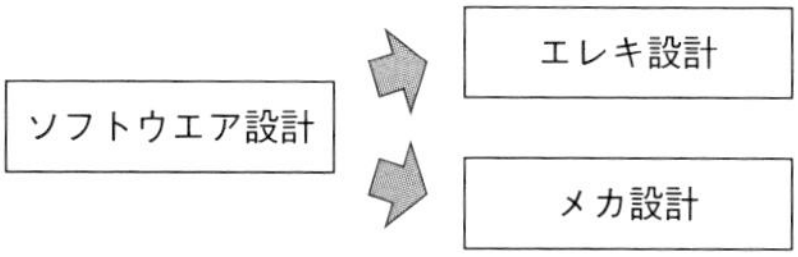

図2-B●ソフトウエアファーストの設計の進め方
（出所：筆者）

コンカレント設計にシフトせよ

重要なのは、これまでとは違ってメカ設計の後、エレキ設計、そしてソフト設計とバトンタッチして設計を進めていくのではなく、ソフト設計が先頭に立つものの、構想設計内容をエレキ設計とメカ設計にインプットし、コンカレントに（同時並行で）設計を進めていくことです。

このプロセスを進めていくためには、ソフト設計がエレキ設計やメカ設計のこともある程度理解していなければ進めることができないでしょう。設計全体をマネジメントしていく必要があるため、単なるソフト設計担当者では務まらないのです。

筆者は、ソフトウエアファーストの設計を進めていくためには、「ソフト設計者からシステム設計者に変わるべきだ」と考えています。システム設計者とは、各設計内容（メカ設計とエレキ設計、ソフト設計）の全てを理解して設計を進めていく設計者のことだと定義しています。

とはいえ、全ての設計ができる設計者は世の中でも限られていますし、すぐにそうした人材が育つわけではありません。よって、設計業務の主軸をソフト設計に置きつつ、開発全体をコントロールしてマネジメントするように変革していくべきだと考えています。

こうした変革が求められている今こそ、設計の組織体制を見直すと同時に開発設計プロセスも見直さなければなりません。すなわち、それがコンカレントに設計を進めていくプロセスです。そのプロセスの中で最も重要なのが、ハードウエアとソフトウエアの役割分担となります。この検討が開発設計プロセスの最初に実現できていなければなりません。

システム設計者は、ハードウエアとソフトウエアの切り分けを検討する中で、機能の実現方法として最良のものを選択します。その最良の考え方はいくつかありますが、まずは性能と品質についてです。性能と品質を最も実現しやすい方法や、顧客にとって付加価値が最も高くなる方法を選択する必要があります。また、競合他社との差異化の実現も考慮に入れなければならないでしょう。その次に、コストの検討です（優先順位を付けるものではないかもしれませんが……）。

このように、ソフトウエアファーストを導入すると、開発プロセスの在り方がこれまでとは大きく変わります。それに伴い、設計者に求められる役割も変わってくるでしょう。これからの時代に合った設計組織に変革するとともに、開発プロセスを改革して付加価値の高い製品を創造していきましょう。

2.3.4　量産設計段階

量産設計は量産系の製品しか存在しない工程です。

ただし、受注製品でも量産系の製品に変わった場合はこの工程が存在するため、製品の特性によって量産設計があるかどうかを確認しなければなりません。例えば、受注量が初期構想では数個だったのに、顧客に声をかけると数万個単位で売れる見込みに変わったケースがこれに相当します。この場合、数量が大幅に増加する段階で量産設計を実施しなければならないのです。数量が多くなることで、ばらつきによって製品の性能や品質が悪化する可能性があるため、そうした事態に陥る前に量産設計を実施した上で、製品内容を見直さなければならないのです。

受注数量の急拡大は技術部門まで情報が下りて来ずに営業部門と製造部門でやり取りが閉じられてしまうことがあります。そのため、製品の特性を台数によって管理した上で開発設計プロセスを可変できる状態にしなければなりません。

そこで、量産設計がある前提で内容を解説していきます。

2.3.4.1　他のシステムからの要求内容の明確化

この内容は詳細設計の場合と同様です。量産設計段階の最初に注意して確認しなければならない内容は、品質や性能に影響する変化がないかどうかです。量産設計は、量産試作を行うことにより、製造段階での問題を抽出するのが目的です。また、製造の影響によって各部品のばらつきがどのようになるか（詳細設計時の見込み以上のばらつきが発生しているかどうか）を見極めるためにあるものです。従って、そもそも品質や性能を変更する内容の設計変更があってはなりません（もちろん、製造の問題を解消するために品質や性能に影響があることはゼロではありません）。

そのため、最初に他のシステムからの要求によって品質や性能に影響があっても、その変更を受け入れないか、もしくは影響があったとしてもカバーできる策を検討することになります。その方向性を量産設計の最初に決めておかなければなりません。設計マネジメントを担う管理者はその方向性を最初に設計者と議論し、答えを出した上で設計を進めてください。

2.3.4.2　変化・変更点管理＋DRBFM

この内容は詳細設計と同様です。検討しなければならない内容は、リスクの対応策を製造部門にも抽出してもらうことです。この段階は工程設計が終盤にさしかかっており、製品設計だけで全てのリスクが対応できない場合（特にばらつきがある場合）は、工程設計で対応してもらう必要があります。

工程設計に対する要求事項をDRBFMの中で列挙しておくことにより、工程設計の内容に反映してもらうことが可能になります。このDRBFMを実施しないと、量産試作後にばらつきが大きくて要求性能を満たせないといった、機能設計を変更しなければならない事態につながる恐れがあります。あるいは、工程設計でも設備をもう変更できないなどの窮地に陥ってしまう可能性もあります。

従って、量産設計の初めの段階で、量産試作で発生するであろう内容、発生する可能性のある内容を事前にどれくらい抽出できるかが重要となります。

2.3.4.3 量産DR

量産DRは、これまでと同様に、各システムのDRと製品全体のDRを区分しながら進めていきます。量産DRは「量産に移行してもよいかどうかの判断」になるため、これまで抽出したリスクをしっかりと対策できているかどうかについて全て確認する必要があります。特に量産試作段階でのばらつきへの対応策の内容確認が議論の中心になります。

量産DRは開発設計プロセスの「最後の砦《とりで》」です。そのため、この砦の承認は技術部門以外の部門が承認する必要があります。例えば、商品企画部門もしくは品質保証部門などです。量産DRの承認を技術部門にすると、「自分で検討した内容を自分で判断する」ということになります。そのため、甘えが出て厳しい目線で内容を確認することが難しくなります。従って、最終承認は他の部門が行うように設定することを検討してみてください（詳細は第6章を参照）。

2.4 あるべきプロセスにおけるE-BOMと変化・変更点管理、DRBFMの在り方・使い方

E-BOM（Engineering BOM；設計部品表）や変化・変更点管理、DR、DRBFMなどの設計品質ツールは、正しく使用すれば品質が確実に向上するツールです。しかし、間違った使い方をすると、設計者に負荷だけを与えて品質が高まらないという“もろ刃の剣”です。例えば、次のような会話が開発設計現場で繰り広げられていないでしょうか。

設計課長：次のDRにDRBFMを提出しなければならない。DRBFMの作成はできているか？
設計者：まだ作成できていませんが、DRまでには完成させます。
設計課長：分かった。DRまでに完成させてレビュワー（参加者）に回してくれ。

この会話から「あれ？」と感じた場合は、正しいDRBFMの使い方ができている証拠です。DRBFMの本来の使い方は、設計前に変化点や変更点を抽出し、リスクへの対応策を検討することです。その対応策を設計内容に反映することで設計品質が向上します。

ところが、この会話からは設計の検討が終盤になっているにもかかわらず、DRBFMの作成ができていない状況だと分かります。ということは、設計者が設計した結果をDRBFMに反映して提出するということです。つまり、DRBFMを設計内容や根拠を示す1つのドキュメントと

して使用してしまっています。

設計者の中には、設計内容に自信があるにもかかわらず、わざわざDRBFMを作成してリスクを抽出しなければならないし、そのリスクへの対応策も完璧にできているのに、DRの参加者に内容を理解してもらうためにドキュメントを作成しなければならないのは非常に面倒だと感じている人もいると思います。しかし、設計しながらリスクを抽出するのでは、抜けや漏れが発生しやすい上に、リスクへの対応が後手に回りがちです。

そうならないためにも、正しいタイミングで設計品質ツールを使用しなければなりません（図2-14）。また、設計品質ツールには「つながり」が存在します。そのつながりを分断してしまうと、さまざまなドキュメントを作成したり、流用元で既に作成しているにもかかわらず再度ドキュメントを作成したりして、多くのムダが同時に発生します。

そこで、ここでは設計品質ツールを使用するタイミングやつながりを

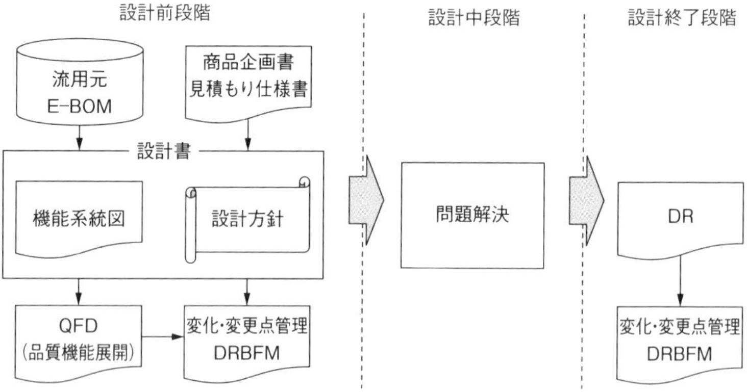

図2-14●設計品質ツールの活用タイミングと連動内容
（作成：筆者）

整理します。それぞれの設計品質ツールの詳細については第6章で解説します。

2.4.1　設計前段階

最初に作成しなければならないのは設計書です。しかし、他のドキュメントが何もないところから設計書を一から作成するのは困難ですし、作成できたとしても非常に多くの時間がかかってしまいます。

設計書のインプット情報としては、商品企画書や見積もり仕様書、流用元のE-BOMです。これらの内容から新しく追加する機能には何があるのかを検討します。その機能を1つのツリー図にまとめます。それが機能系統図です。

この機能系統図はさまざまな設計品質ツールに使用しますし、設計内容を議論するためにも重要になります。その後、この機能系統図を活用し、QFDを検討していきます。

QFDは顧客ニーズから製品に求められる機能へと展開しなければならないため、顧客ニーズと機能系統図を連動させて、QFDの縦軸が完成させます。さらに、QFDと機能系統図を変化・変更点管理とDRBFMに連携させていきます。

DRBFMの故障モード（＝リスク）を抽出する際に、機能系統図は非常に重要になるのです。DRBFMで抽出すべき故障モードは、「商品性の欠如、または機能の欠損」であり、機能が欠損するような故障状態を検討しなければなりません。ただ単に故障モード（過去の不具合など）を抽出していては、重大な故障に気づけない可能性があります。

ここまで検討したら、設計前段階における設計品質ツールの作成が完了します。

2.4.2 設計中段階

設計前段階で検討した「設計書とQFD、変化・変更点管理、DRBFM」をインプットし、設計がスタートします。設計中に問題が発生したら、その都度対処しなければなりません。そうした問題の中でも特に大きな問題（例えば、リコールにつながる可能性がある問題など）の場合は、設計チーム全体で対応策を検討しなければなりません。その際に使用されるのが「問題解決手法」です。

問題解決手法は、問題が発生したときに当事者全員が「同じストーリー」で解決まで導くためのツールです。特に設計マネジメントを担う管理者は、問題解決をスムーズにできる思考を身に付けておかなければなりません。加えて、部下に問題解決の方向性を教育できる能力も不可欠です。同じストーリーで解決まで導くという考え方が重要です。設計マネジメントを担う管理者はこの考え方を理解してほしいと思います(詳細は第7章を参照)。

2.4.3 設計終了段階

設計終了段階では、次の工程に進んでよいかどうかを判断するDRを開催します。DRでは、設計前段階で検討した設計品質ツールと共に設計内容（設計の構想内容など）が参加者（＝レビュワー）に提出されます。DRは全ての設計品質ツールを活用し、設計内容に問題がないかどうかを判断する場となります。

DRが終了したら、DRでの問題点を議論し、対策の方向性を決定した内容を変化・変更点管理やDRBFMに記入して、次の工程にインプットします（開発設計プロセスでは、分かりやすいように次の工程の最初の段階で検討することにしてあります）。DRBFMを検討する中でリスクが非常に高いことが分かれば、DRで検討した対策の方向性を修正していく必要があります。

以上のように、全ての設計品質ツールは連動しています。連動する仕組みを構築した上で適切なタイミングで効率良く設計品質ツールを活用し、品質向上を目指していきましょう。

第3章

トヨタ流設計マネジメントの全体像

第3章 トヨタ流設計マネジメントの全体像

3.1 トヨタの設計マネジメントの最大の特徴

第2章で設計開発プロセスにおけるフロントローディングとマネジメントの重要ポイントを解説しました。しかし、フロントローディングを確実に実行することは非常に難しく、現実的には問題が全く起きない開発案件はありません。そのため、設計マネジメントを担う管理者は、問題の発生を受けながらも適切な対応方法を検討し、設計者をコントロールする必要があります。

トヨタ自動車（以下、トヨタ）の設計マネジメントにおいても、あらゆる面で理想形（問題が全く発生しない状態）を実現しているわけではありません。今なお理想に向かって進化し続けているというのが実態です。

例えば、トヨタには横並びという言葉があります。同じ機能を保有している部品やソフトウエアで、寸法や制御値が大幅に異なることがないようにしなければなりません。過去の実績から特異点的に飛び抜けて値が異なる内容については、何かしら問題が発生するかもしれないからです。もともとの値に実績があるからといって、その値で問題が発生しない保証はないのです。実績を積み重ねながら、最終的に「設計の基準値」を決めることができれば、横並びを気にせずに済むようになります。すなわち、その設計の基準値を満たすように設計することができれば、問題の未然防止が可能となります。

ところが、現実には全ての設計内容に設計の基準値が存在するわけではありません。また、新しい技術内容については、何度も検証しながら進めていく（発生する問題に対処していく）必要があるため、設計マネジメントが必要になるのです。

トヨタ流設計マネジメントはこうした課題に応えるものです。すなわち、理想をベースとしながらも、開発設計における実践面を重視しているところが最大の特徴です。

3.2 トヨタの設計マネジメントの考え方

トヨタの設計マネジメントを確認する前に、一般的なマネジメントについて振り返ってみましょう。マネジメントは日本語で「管理」と訳されます。マネジメント＝管理なのでしょうか。日本語における管理には、次のような意味があるようです。

・ある基準などから外れないように全体を統制すること
・事が円滑に運ぶように事務を処理し、設備などを保存・維持していくこと
・法律上、財産や施設などの現状を維持し、また、その目的にそった範囲内で利用・改良などを図ること

こうした意味のマネジメントが、企業の中で必要とされるでしょうか。答えはNOです。特に、ある基準などから外れないよう全体を統制

することとは監視の意味に近く、企業でマネジメントを担う管理者が、決して実施してはならない行為です。マネジメントを管理と置き換えてしまった結果、間違ったマネジメントが横行していると筆者は感じています。

では、マネジメントという言葉の本当の意味を確認しましょう。

マネジメントの言葉の意味

マネジメントは、イタリア語の「manus」が語源。日本語に直訳すると「馬をならす」という意味で、本来は「うまくやって成果を出す」という意味。

管理とは監視やコントロールという意味合いが強いので、管理自体は極力少ない方が向上します。例えば、日程を管理したり、納期を順守させたりするといった管理（監視）は、IT ツールを使えば十分です。納期が迫ってきたらパソコンの画面にそれが近いことを知らせればよいのです。わざわざマネジメントを担う管理者が期限を確認し、その期限が迫った段階で担当者に知らせる必要はありません。

先述の通り、「うまくやって成果を出す」ことが、本来のマネジメントに求められています。管理はあくまでもマネジメントの手段の1つにすぎないのです。

ここで、マネジメントの定義を確認しておきましょう。

マネジメントの定義

チーム活動により、成果を最大化させること。

マネジメントは、「成果を最大化させること」に尽きます。それまで1人で行ってきた業務を複数人で実施し、1人では生み出せなかった成果を創出することが、マネジメントの定義です。これがチーム活動であり、そのチーム全体の業務の方向性を定めるのが、マネジメントを担う管理者の仕事です。

企業全体で考えるとマネジメントの幅が最も広いのは、管理者というよりも経営者で、中でも代表取締役でしょう。会社全体の経営方針は、会社全体の進むべき道（方向性）を定めています。その進むべき道に従い、各機能組織部門の方向が決まるのです。

代表取締役1人では生み出せる付加価値は限定されます。具体的な売り上げや利益にも上限があることでしょう。会社にさまざまな社員が入り、それぞれの役割で業務を実施するからこそ、代表取締役1人では生み出せない付加価値を創出できるのです。

そして、その付加価値を創出するために社内の方向性を定めることこそ、代表取締役の役割です。想像してみてください。皆さんの会社の代表取締役が社員の日程を管理するだけの仕事をこなしている姿を。会社の進むべき方向が分からず、社員全員がおろおろすることでしょう。もしくは、社員が勝手に進むべき道を決めて、1人で進んでいくかもしれません。こうした状態では会社は組織として機能せず、売り上げが増えることはないでしょう。

設計部門も同様です。顧客や市場から要求されている機能や性能の実現方法を、何も定めずに設計担当者に丸投げしてしまうと、設計者１人の能力分の付加価値しか創出できません。加えて、設計の方向性が定まっていないため、設計者ごとに方向性が変わり、品質やコストも変化します。すると、その会社の製品は、設計者によって品質もコストも変化し、いわば「会社≒設計者」ということになってしまいます。

これでは、顧客や市場に対して満足してもらえる付加価値を創出することは難しい上に、設計者１人に負荷が集中してしまいます。特に設計が上手くできる担当者に負荷が集中する傾向があります。こうした状態では、設計マネジメントが機能しているとはいえません。従って、設計マネジメントを実施し、チーム活動によって設計で生み出すことができる付加価値を最大化しなければならないのです。

3.3　トヨタの設計マネジメントのポイント

では、トヨタの設計マネジメントで「成果を最大化させる」ためのポイントとは、どのようなものでしょうか。図3-1に、最大の成果を生むための設計マネジメントのポイントを示しました。そのポイントは4つあります。［1］設計部門方針、［2］実務における進捗管理・コントロール（難易度設定も含む）、［3］マネジメントに有効な設計品質ツール、［4］設計者教育体系です。

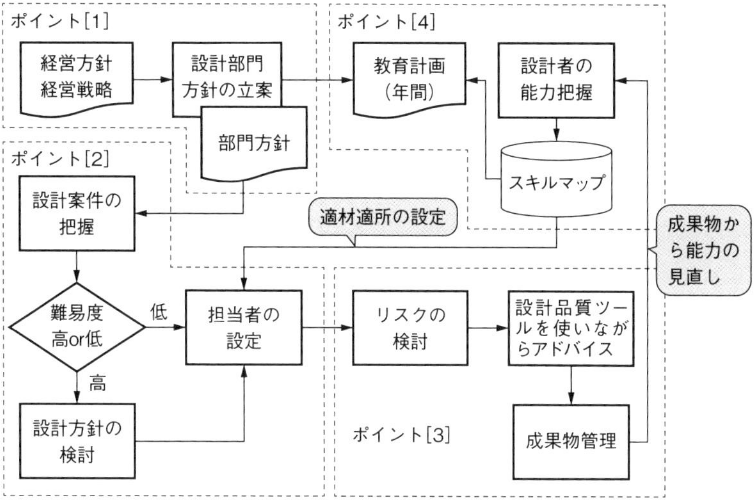

図 3-1 ●トヨタ流設計マネジメントのポイント
（作成：筆者）

3.3.1　設計部門方針

ポイント［1］は、設計部門方針です。設計部門方針のポイントは、経営方針や経営戦略と連動させて検討することにあります。具体的には、経営戦略で示される3つの戦略である守りの戦略と攻めの戦略、成長の戦略を検討していきます。これらの戦略を1年単位ではなく、中期（3～5年）の単位で検討することにより、設計者全員に進むべきビジョンを明確にしながら、設計部門全体の能力を高めていきます。

3.3.2　実務における進捗管理・コントロール（難易度設定も含む）

ポイント［2］は、実務における進捗管理・コントロール（難易度設定も含む）です。進捗管理・コントロールのポイントは、開発案件の難易度を設定し、設計者の能力を把握した上で（適材適所で）、負荷を平準化しながら、進捗管理を実施することにあります。既に述べた通り、進捗が「監視」とならないように、設計者の能力に見合った案件を任せながら、ある程度自由に設計させ、設計者のアイデアを最大限に生かすことが重要です。

3.3.3 マネジメントに有効な設計品質ツール

ポイント［3］は、マネジメントに有効な設計品質ツールです。設計者のアウトプットを正確に確認していくためには、設計品質ツールの活用が必須です。マネジメントする上でマネジメント者の勘と経験のみに頼っているようでは、マネジメント者が変わったりするとアウトプットが変わってしまう可能性があります。そのような状況にならないためにも3つの段階「①インプット段階」「②プロセス段階」「③アウトプット段階」で活用すべき設計品質ツールを具体的な製品事例を基に解説していきます。

3.3.4 設計者教育体系

ポイント［4］は、設計者教育体系です。設計者の教育はOJT（オン・ザ・ジョブ・トレーニング）が中心であり、他の部門とは違って体系的な教育計画がないというのが実態です。とはいえ、いつまでも「見て覚えろ」や「技を盗め」といった方法では、設計者が短期間で能力を高めることは困難です。従って、設計者教育体系が必要です。そのためには、設計者の「スキル項目」と「スキルマップ」「教育計画」「スキルマップの運用方法」を構築する必要があります。

3.3.5　ポイントのまとめ

ポイント［1］～［4］の関係は、設計マネジメントのPDCA（計画、実行、評価、改善）で例えると、次のようになります。

Plan：ポイント［1］設計部門方針
Do：ポイント［2］実務における進捗管理・コントロール（難易度設定も含む）
Check：ポイント［3］マネジメントに有効な設計品質ツール
Action：ポイント［4］設計者教育体系

Planで設計部門方針を決定し、設計者全員にビジョンである進むべき道を理解してもらいます。続いて、Doとして、マネジメントを実行するための重要なポイントである設計案件の振り分けを行います。各設計案件の進捗を管理・コントロールするために、設計品質ツールを使いながら、設計者のアウトプットをCheckしていきます。そして、各設計案件のアウトプットの内容から、設計者の能力でどのような内容を教育していくべきかをActionとして検討するのです。

設計者の能力が向上し、設計部門全体のレベルが上がると、新しい戦略（攻めの戦略や成長の戦略など）を立案することができるようになります。

こうした大きなPDCAを設計マネジメントとして回していくことが、設計マネジメントを担う管理者に求められるべき業務なのです。

例えば、「適材適所の設定」は、成果を最大化させるための1つの手段です。設計書を検討するのが得意な人もいれば、図面を描くのが得意でスピードが速い人もいます。設計者全員が同じ能力ではないので、それぞれの能力をしっかりと見極めながら業務内容を設定していく必要があります。

設計者の能力を見極めるためには、各設計者の成果物の内容を確認しなければなりません。それぞれの成果物を管理し、設計者の能力の把握にフィードバックして初めて、適材適所の設定が実現できるのです。

設計マネジメントを担う管理者は、図3-1に示した全ての内容についてマネジメントを実施しなければなりません。トヨタで設計マネジメントを担う管理者にとって、それは当然の業務です。

ところが、「マネジメントを担う管理者は、このような業務を実施しなさい」と決まっている企業はとても少ないというのが現実です。マネジメント内容が決まっていないということは、マネジメントを担う管理者個人に任されているということを意味します。これでは、マネジメントを担う管理者の個々の能力によって成果が大きく変わってしまいます。

設計マネジメントにおいて実施すべき内容を明確にしておかなければ、管理者は感覚に頼って「何となく」マネジメントを実施することになります。これではとても「成果を最大化させる」ことは期待できません。

次章からトヨタ流設計マネジメントにおける4つのポイントを詳しく

解説していきます。ポイント［1］の設計部門方針を第4章で、ポイント［2］の実務における進捗管理・コントロール（難易度設定も含む）を第5章で、ポイント［3］のマネジメントに有効な設計品質ツールを第6章で、ポイント［4］の設計者教育体系を第7章で取り上げます。

第4章

設計部門方針

第4章 設計部門方針

4.1 経営方針と部門方針（課方針も含む）のつながり

設計部門方針については多くの企業が取り組んでいると思います。経営方針からブレークダウンし、1年間で実施すべき技術部門の方針を定めていきます。これを主に作成するのは設計部門の部門長となります。ただし、設計部門の配下には各課があり、その課での目標も定める必要があります。

では、経営方針と設計部門方針はどのようなつながりがあるのでしょうか。

4.1.1 経営戦略

設計者には直接関係ないかもしれませんが、経営方針がどのような形で設定されるのかについては知っておく必要があります。また、課長や部長といったマネジメント層になれば、経営方針の考え方を知っていると部門・課方針書に落とし込みやすくなるでしょう。

経営方針は、［1］守りの戦略、［2］攻めの戦略、［3］成長の戦略の3つから構成されます（図4-1）。これらのどの領域を目指すかにより、設計部門方針は大きく変わってきます。

> ［1］守りの戦略
>
> **現状の強みを生かし、既存顧客の維持・確保に努める。**

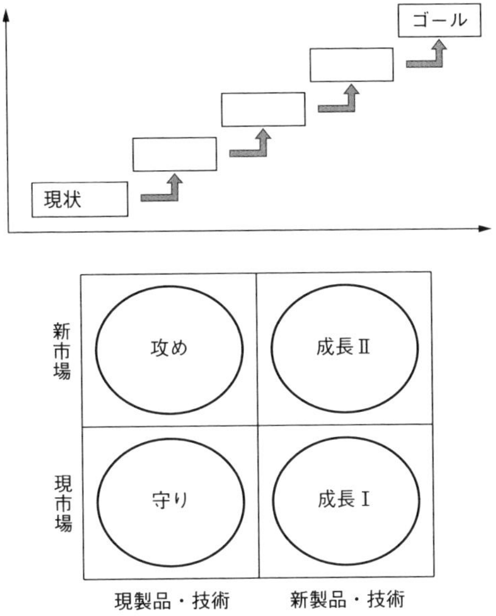

図 4-1 ●戦略の全体図
（作成：筆者）

(1) 収益体質の強化

・生産性向上、ロス・ムダの削減

・開発設計の効率化、生産効率化

・コスト構造改善

(2) 品質改善、納期改善

[2] 攻めの戦略

現状の強みを生かし、新しい顧客を開拓する。

(1) 新市場、新規顧客の開拓

・現製品、現技術が適応できる国内市場、海外市場の開拓

[3] 成長の戦略

新しい強みを作り出し、成長する。

(1) 新技術、新製品開発による現市場の拡大【成長Ⅰ】

・現市場、現顧客の要求を満足する新技術、新製品開発

(2) 新技術、新製品開発による新市場の創出【成長Ⅱ】

・新技術、新製品開発により新たな市場、顧客の開拓

例えば、[1] の守りの戦略を設定した場合、ムダの削減やコストダウンを検討していくことになるため、既存製品を見直し、標準化や共通化、モジュール化によって生産性を向上させることになります。

例えば、「A 機種を 10 %コストダウンする」という目標を立てるとします。よくあるのが、この A 機種のみをコストダウンして目標を達成したと喜んでいるケースです。もちろん、立案した目標をクリアできたのは設計者全員がさまざまな努力をしたおかげでしょう。しかし、重要なのはコストダウンした結果よりもそのプロセスです。どのようにコストダウンしたかの成功体験こそが、企業の大きな財産となるのです。

従って、このコストダウンの成功事例をまとめて、水平展開（横展開とも呼びます）すべきです。また、コストダウンした部品を標準部品として設定し、他の製品でも使用可能な状況にする必要があります。こうすればコストダウンした A 機種だけではなく、多くの機種に使用することができ、設計全体への波及効果が生まれます。これが「戦略」なのです。

単に年次の目標設定が戦略なのではありません。その 1 年間で活動した内容が他の設計者や他の製品にも活用され、将来的に大きな効果を生

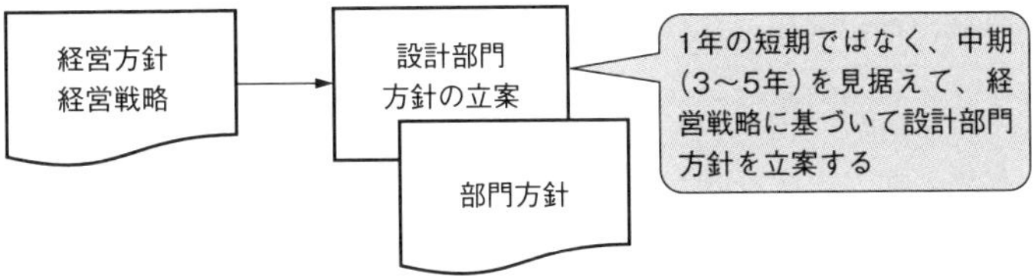

図 4-2 ●経営方針と部門方針
（作成：筆者）

むことができる状況をつくり出すことが戦略なのです。経営戦略から設計部門の目標値を定めるときは、その1年の結果だけではなく、最低でも3年後を見据えた上で部門方針を立案してください（図4-2)。

4.2 設計部門方針の立案の考え方

先ほど経営戦略と設計部門方針とのつながりを示しました。設計部門方針の立案では3つの経営戦略から選択した内容を確認した上で、具体的な設計部門方針を立案していきます。

では、[1] 守りの戦略、[2] 攻めの戦略、[3] 成長の戦略について、1つずつ立案の考え方を確認していきましょう。

4.2.1 守りの戦略

守りの戦略は、(1) 収益体質の強化、(2) 品質改革、(3) 生産性向上の3つが柱となります。各柱の内容は以下の通りです。

(1) 収益体質の強化

・ロス、ムダの削減

・各部品の加工方法見直し

・コスト構造改善

(2) 品質改革

・各製品の品質レベルの見直し

・不具合・クレーム対策

・製造段階における設計変更依頼への抜本的対応

・DR（設計審査）、DRBFM（故障モードに基づく設計審査）の強化

(3) 生産性向上

・過去製品の図面DB（データベース）整備

・PDM（製品情報管理）と3D-CADの導入

・モジュール化の導入

もちろん、これらの全ての内容を同時に進めることはできません。経営戦略よりも守りの戦略からどのような内容が適しているのかを検討し、「最適解」を選択していきます。選択した内容に対して、どのような期間で、そしてどれくらいの人員で実施していくのかを明確にします。こうして、それらの内容を方針書に記載していきます。

4.2.2 攻めの戦略

攻めの戦略は、(1) 新市場の攻略と (2) 新規顧客の開拓の2つが柱となります。

(1) 新市場の攻略

現製品および現技術が適応できる国内市場と海外市場を開拓します。

・既存機能を活用し、新しい市場でもその機能が活用できるかどうかを調査

→技術的なマーケティング（製品の使い方や使われ方）を調査する。

(2) 新規顧客の開拓

現製品および現技術によって市場シェアを拡大・奪還します。

・競合他社を分析し、既存製品＋αの機能を実現して、さらにコストダウンなどの戦略を立案して競合他社からシェアを奪還

→テアダウンなどの手法を活用し、競合他社の製品を研究するプロセスの確立を検討する。

4.2.2.1 (1)新市場の攻略の考え方

守りの戦略とは異なり、攻めの戦略では現在の製品を幅広い市場や顧客に使用してもらうためにどうするかを考えることになります。現在は「もの余りの時代」とも呼ばれており、供給が需要を上回る構図が成り立ちます。そのため、販売すれば飛ぶように売れた時代とは考え方を変えなければなりません。

顧客が製品をどのように使っているのかを知り、その使われ方を検討する必要があります。また、顧客の課題を解決することを検討し、潜在ニーズを引き出して顕在ニーズに変えなければなりません。そのために、「攻めの戦略」が必要となるわけです。

攻めの戦略には大きく2つの考え方があります。(1) 新市場に出るか、

(2) 市場はそのままで新しい顧客を捕まえるかです。

(1) の市場に出るの場合は、新しい市場になるため、顧客も新しくなります。従って、市場の調査（マーケティング）に多くの時間が必要となります。このマーケティングを私は「技術マーケティング」と呼んでいます。一般的なマーケティングとは異なるからです。

詳細は第6章で説明しますが、新しい市場に出る際には、既存製品を顧客がどのように使うかを想定しなければなりません。テストマーケティング的に使用してもらって調査してもよいでしょう。その使われ方を見ながら既存製品を改良していき、その市場の顧客に合った使い方に変えていかなければなりません。

好例は、米3M（スリーエム）の粘着メモ「ポストイット」です。これまで会社における事務用途向けに、さまざまな形や粘着力を変えた製品を販売してきました。しかし、競合他社が現れ、コストなども含めて市場が飽和状態になってきたときに、3Mは新しい市場を検討し始めました。それは「教育現場」です。

教育現場には先生が手書きで生徒に情報を伝達する文化がまだ残っており、そこにポストイットが活用できるのではないかと3Mは考えました。ところが、従来のポストイットのままでは教育現場では使いにくい。その使いにくい部分を改良することができれば、多くの先生に使用してもらえると同社は考えました。こうして、先生と子供がノートでどのようなやり取りを行っているのかを調査し、そのやり取りに最適な形を研究して「ふきだし」形状のポストイットを開発しました（図4-3）。

このように、攻めの戦略では新しい市場を拡大していくことと、拡大

図 4-3 ●3M の吹き出し形状のポストイット
（出所：3M）

していくための製品開発、そして改良の方向性を定めなければなりません。攻略したい市場を設定し、その市場での製品の使われ方を徹底的に研究するのです。これは、第 2 章で解説した商品企画の考え方となります。ここで改めて押さえておきましょう。

設計マネジメントを担う管理者として商品企画に関わる重要なポイント

(1)　ターゲット顧客の明確化

(2)　差異化点

(3)　顧客へのポイント

A：見て分かる

B：使って分かる

C：使い終わって分かる

中でも、(3) の顧客へのポイントが非常に重要になってきます。特に「B：使って分かる」に関しては、顧客がどのような使い方をしているのかを研究しなければ、このポイントは見えてこないでしょう。こうした商品企画の考え方を戦略の中に組み込み、各設計グループに落とし込んでいきます。各設計グループは製品の「使われ方」について具体的に研究し、構造などを検討していきます。

4.2.2.2　(2)新規顧客の開拓の考え方

新規顧客の開拓では、現製品や現技術での市場シェアの拡大・奪還を狙い、競合他社を分析して、既存製品＋α の機能を実現します。併せて、コストダウンなどの戦略を立案し、競合他社からシェアを奪っていきます。そのために特に有効な手法としてテアダウンがあります。

テアダウンはどの自動車メーカーも必ずと言ってよいほど実施しています。競合他社が製品を販売したら、すぐに部品の１点１点に至るまで製品を分解します。その上で、各部品がどのように加工され、どのような形状になっているのかまでを含めて研究していきます。自動車を筆頭に現在の製品の多くはハードウエアだけではなく、ソフトウエアに関しても非常に力を入れているため、自動車全体の動きや挙動についても研究していきます。

こうしたテアダウンの結果、自社でも取り組むべき技術内容があれば、既存製品に組み込んで競合他社よりも上回る製品を設計します。これにより、シェアの拡大を狙うのです。

設計部門方針では、研究すべきターゲットとなる競合他社の製品を設定し、各設計グループに落とし込んでいきます。

4.2.3 成長の戦略

成長の戦略とは、新しい強みを造り出して成長する戦略です。すなわち、これまでにはない新製品を創出し、既存市場もしくは新市場にアプローチする戦略となります。この戦略は単年で実現できるほど簡単な戦略ではありません。そのため、中期などある程度長い期間をかけて実現する戦略であると理解してください。

成長の戦略は、(1) 新技術、新製品開発による現市場の拡大【成長Ⅰ】と、(2) 新技術、新製品開発による新市場の創出【成長Ⅱ】の2つが柱となります。

(1) 新技術、新製品開発による現市場の拡大【成長Ⅰ】
現市場や現顧客の要求を満足する新技術や新製品を開発します。
(2) 新技術、新製品開発による新市場の創出【成長Ⅱ】
新技術や新製品開発によって新たな市場や顧客を開拓します。

4.2.3.1 (1)新技術、新製品開発による現市場の拡大【成長Ⅰ】

これは、既存の市場に向けて新たな技術を活用して新製品を創出する戦略です。新たな技術の創出が必要となるため、研究開発や先行開発部門が創出した技術を製品化しながら、市場を攻略するというのが一般的な考え方になります。

例えば、ハイブリッド車の誕生はその好例でしょう。原動力にそれまでの内燃機関（エンジン）にモーターを追加して組み合わせることで、ハイブリッド車を新たな製品として自動車市場に認知させることができました。

ただし、今では人気のハイブリット車も、1997年にトヨタ自動車から発売された第1弾の初代「プリウス」は、当初あまり売れませんでした。理由は、ハイブリット車というクルマの認知度が低かったからです。加えて、エンジン車と比べた販売価格の高さも、あまり売れなかった原因の1つでしょう。

それでも、環境負荷の軽減を求める時代の波が、自動車の開発に低燃費やカーボンニュートラル（温暖化ガスの排出量実質ゼロ）に向かうように求めたことで、日増しに注目を集めるようになっていきました。そして、3代目プリウス（2009年発売）で人気に火が付き、爆発的に売れました。当時は、リーマン・ショックの影響や原油価格の高騰により、経済が苦しい状況だったという背景がありました。加えて、プリウスの販売価格を205万円からという「大衆価格」に抑えたことも、多くの顧客に受け入れられる理由となりました。「ハイブリット車＝燃費が良い＝プリウス」というふうに世間に認知されたのはこの頃です。

このように、新技術を活用して新しい製品を市場に投入しても、潜在ニーズが一気に顕在ニーズに変わることは非常にまれです。地道な活動を行いながら、市場にその技術や製品の必要性を認知させる必要があります。この辺りの戦略は設計部門だけではなく、広報部門などとの連携も必要になってきます。

4.2.3.2　(2)新技術、新製品開発による新市場の創出【成長Ⅱ】

これは成功確率の非常に低い、最も難しい戦略といえます。新しい製品を生み出すこと自体が困難である上に、一から市場を開拓していかなければならないからです。

例えば、ソニーグループ（以下、ソニーG）による電気自動車（EV）市場参入がこれに相当します。EVを自動車メーカーであるホンダと協力しながら開発・製造するという発表は、ビッグニュースとして世間を驚かせました。ただし、EV市場は厳しい競争環境下にあり、米IT企業群である「GAFA」も自動車市場を狙ってEVを投入してくる可能性があります。ソニーGにとっては大きな挑戦となります。

自動車市場に参入するためには大きな資本が必要になります。EVは内燃機関と比べると部品点数が少なくなりますが、それでも他の製品よりもはるかに多いのは明白です。EVを構成するそれぞれの部品の製造や組み立てを実現するのは、資本の小さい中小企業単体ではかなり困難です。市場において何かしらの大きなターニングポイントがあったタイミング（例えば、カーボンニュートラルの実現を全世界で推進するタイミングや、欧州がEVへとかじを切っているタイミングなど）で検討する必要があります。

従って、この成長Ⅱの戦略よりも、まずは攻めの戦略や成長Ⅰ（新技術、新製品開発による現市場の拡大）の戦略を立案し、新たなターニングポイントの発生をしっかりとウオッチしていくことが設計部門の戦略として求められます。

4.3 設計部門方針の内容

設計部門方針の考え方を理解したところで、続いて、設計部門方針書の具体的な内容について解説していきましょう。設計部門方針書には、次の5点を設計部門方針として立案し、記述します。[1] 基本方針、[2] 重点施策概要、[3] 重点施策実施項目、[4] 達成目標数値、[5] 技術の蓄積・設計手法改革内容です（図4-4）。このうち、特に [3] の重点施策実施項目については、設計マネジメントを担う管理者が設計リーダーと相談しながら進めていかなければなりません。

4.3.1 基本方針

基本方針は、経営戦略に基づいた内容を記載していきます。経営方針には今期実行すべき経営戦略の内容が書かれています。その内容と連動した内容を検討し、設計部門方針書の基本方針に記載します。

この基本方針で、先述の [1] 守りの戦略、[2] 攻めの戦略、[3] 成長の戦略、のいずれかが決まります。経営方針および戦略と差異がないように注意してください。各部門の方針書は、その方針を実現することで、最終的に会社が目指す方針を実現するものでなければなりません。従って必ず連動させておく必要があるのです。

経営戦略にはいくつかの考え方がありますが、その業界でNo.1であったり経営資源が豊富であったりする場合は別として、多くの企業が

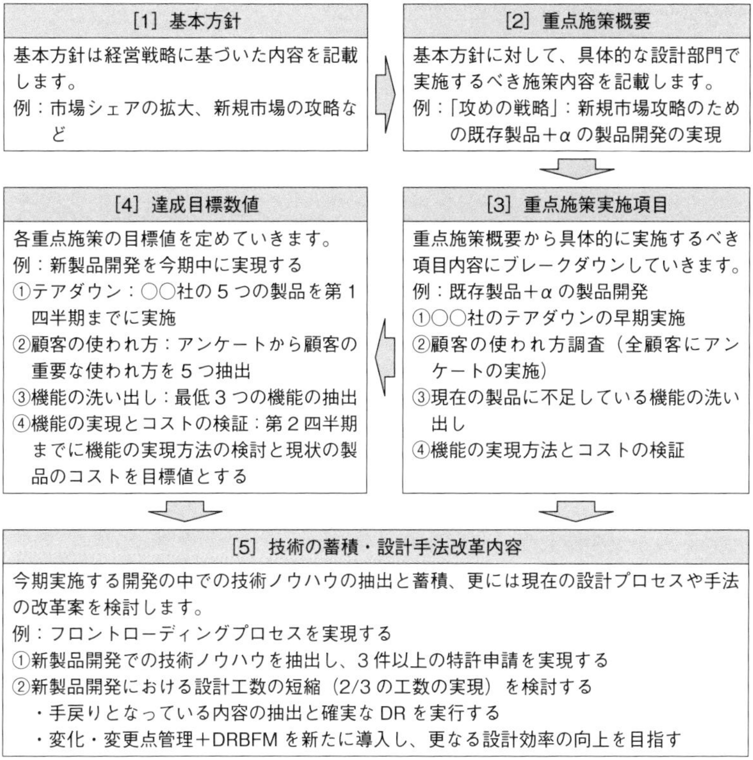

図4-4●設計部門方針書
（出所：筆者）

取るべき戦略は「差異化戦略」でしょう。競合他社がひしめき合っている市場に攻め込んでも、経営資源が豊富な競合他社には勝てません。従って、基本は「ブルーオーシャン（未開拓）市場」を狙い、他社とどのように差異化できるかを考えていく必要があります。

筆者の会社はこの戦略を実践しています。製造業をターゲットにしたコンサルティング会社ですが、製造業向けコンサルティングは大手企業から個人事業主まで多く存在します。その中で生き残りを懸けて、潜在的なニーズは大きいものの、競争相手が少ない「設計」を中心にコンサルティング活動を推進しています。設計の課題解決からスタートし、他部門の課題への展開を図る戦略です。

守りの戦略でも攻めの戦略でも、競合他社との差異化が必要となることは間違いありません。従って、差異化戦略は必ず記載しておかなければならないポイントとなります。

4.3.2 重点施策概要

基本方針に記載した3つの戦略をブレークダウンした内容が重点施策概要です。攻めの戦略であれば、現行のどのような製品群の改良を進めていくのかを明記しなければなりません。

また、新市場を開拓しなければならないため、マーケティングも必要となるでしょう。現行の技術を活用しながら+αを定義しつつ、マーケティングなどによって、新市場のニーズ抽出の方法を具体化する必要があります。

4.3.3 重点施策実施項目

重点施策実施項目は、重点施策概要の内容をさらにブレークダウンした内容となります。この重点施策実施項目の内容は、設計部門の部門長だけで検討してはいけません。各課の課長など、設計現場に最も近いマネジメント層と一緒に検討する必要があります。この点について、コンサルタントとしてよく見聞きするのが次のような内容です。

設計部長（部門長）：今期は新製品の開発を推進する。各課で新製品開発に必要な重点施策実施項目を抽出してくれ。

設計課長：部長、待ってください。そのような話は初めて聞きました。今の人員を含めて、新製品を開発できる余裕は全くありません。

設計部長（部門長）：そこを何とかするのが、課長たちの役目だろう。何とか工数を捻出し、今期中に目《め》途《ど》をつけてくれ。

設計課長：（何とか工数を捻出してと言われても……。）では、新たな人員を採用するか、他の部門からの応援などで何とかしたいと思います。

設計部長（部門長）：それはダメだ。固定費が上がってしまう。何とか今の人員でやってくれ。

設計課長：……。

少しオーバーに感じるところがあるかもしれませんが、この会話に近い出来事は実際に起きています。戦略を立案するのはよいとして、その内容はトップダウン。しかし、設計現場の状況を無視して立案して構わない戦略などありません。固定費を増やすのが難しいのであれば、今の設計者の生産性を高めなければなりません。それならば、今期は「守りの戦略」でまずは生産性を向上させ、翌年に「攻めの戦略」に転じるといったストーリーを構築することが重要になります。

あるいは、新製品開発が急務なのであれば、一時的に固定費を増加させてでも実現しなければなりません。こうした各課で実現すべき具体的な実現方法を課長と相談しながら、詳細な内容を決めていく必要があります。

このように、ストーリーを構築しながら部門全体をコントロールすることこそが、設計マネジメントの第一歩なのです。

重点施策実施項目に記載する具体的な内容にも触れておきましょう。例えば、攻めの戦略であれば、新市場を開拓するために既存製品＋αの機能（付加価値）が必要になります。その＋αを見つけ出す具体的な方法を記載しなければなりません。そのためには、テアダウンを実施します。テアダウンによって競合他社の製品を分析し、その市場に受け入れられている特別な機能の内容を抽出するのです。これと並行し、新市場における顧客ニーズを確認、もしくは顧客の使い方などを具体的に調査します。そして、これらの結果から＋αとして追加すべき機能（付加価値）を検討し、詳細な設計に入っていきます。

加えて、コストについても記載しなければなりません。既存製品のコスト水準のままで通用するのか否か。もしも、新たな市場がより低い価格帯となっているのであれば、大幅なコストダウンが求められます。こうしたコストに関する方向性も定めなければなりません。

4.3.4　達成目標数値

達成目標数値は、重点施策実施項目のそれぞれの項目に対して設定した達成目標の数値のことです。目標値とは、具体的な数字（件数など）と期限になります。ここで目に付くのが、「期限」について書かれていない設計部門方針書です。そうした設計部門方針書を見つけた筆者が、なぜ期限がないのかと設計部門の部門長に質問すると、次のような内容が返ってきます。

筆者：部門長が作成された設計部門方針書を拝見したのですが、各施策における期限が記載されていません。なぜですか？

部門長：期限はそれぞれの課で検討してくれればよいし、どれだけ期限に遅れても1年後にこの方針が実現できていれば問題ありません。

筆者：えっ？　では、これらの施策を半期で検討しなくても、残りの半期で実現すればよいということですか？

部門長：その通りです。何か問題がありますか？

筆者：……。（問題だらけだ。社長と相談しよう。）

設計部門の部門長が各課に施策を丸投げしてはいけません。それではマネジメントしていることにはならず、部門長としての存在意義も失われかねません。各施策は同時並行的に実施するものもあれば、1つの施策が完了し、方向性を定めた後に次の施策を実施する場合もあります。せっかく全体のストーリーが構築できているのであれば、それぞれの施策に期限を設け、その期限となった施策内容の成果を確認しながら次に進めていくのがマネジメントです。

前出の図4-4の記載内容であれば、まずはテアダウンを実施し、競合他社である「○○社」の5つの製品について5つの機能を抽出します。また、並行して新市場の顧客にアンケートを取った結果を見ながら、5つの機能のうち自社に組み込むべき機能を決定します。

このように、テアダウンとアンケートが同時並行で実施できていなければならず、どちらかができていなければ、新たに追加すべき機能の内容を設定できません。

設計部門方針書から設計マネジメントを実施する意味でも、各施策の目標値だけではなく、期限もしっかりと設定してください。

4.3.5 技術の蓄積・設計手法改革内容

この技術の蓄積・設計手法改革内容は、「守りの戦略」を立案した場合には必要ありません。守りの戦略の場合、新しく特許化する内容や新たに技術を蓄積すべき内容がないからです。また、設計手法改革は重点施策の中に含まれているはずです。同じ内容をこの欄に書き込む必要はありません。従って、これらは「攻めの戦略」や「成長の戦略」のときに設定する内容です。

新たな技術革新を行っている際には、さまざまな失敗や苦労が伴います。それらの失敗や苦労をそのままとせず、次の技術革新時に同じ失敗をしないようにするにはどうすべきかを一緒に検討してほしいのです。もちろん、技術内容が確立していないときには考えることはできませんが、技術内容が確立した段階で、失敗や苦労の内容を振り返ることができるでしょう。その振り返りを経て、新たな仕組みを導入、もしくは既存の仕組みを改良していくのです。

例えば、前年度に新たな技術革新を行ったときに、その技術内容を既存製品に組み込んだとします。新たな技術内容を追加するためには、既存製品の一部を改良しなければなりません。既存製品にも新たな変化点が生まれていることになります。しかし、新たな技術内容ばかりに目を奪われていると、既存製品の変更部分を忘れたり、技術の確立に手間取って既存製品を変更するタイミングが遅くなったりします。そうした失敗が過去にあった場合、同じ失敗をしないためにも「変化・変更点管理」の導入が必要になります（第6章を参照）。

このように、過去の失敗から改革すべき仕組みを方針に記載し、各課で実行します。

さらに、新たな技術革新を確立した場合は、特許についても目標を定める必要があります。忙しい技術者ほど、特許化に対して後ろ向きになりがちです。特許にすること自体に後ろ向きなのではなく、特許化に要する膨大な資料作成などの時間の確保が難しいからです。そこで、特許化を目標値として定め、設計者1人に特許の資料を作成させるのではなく、各課やチームで取り組むことができるように方針に組み込みましょう。

第5章

実務における進捗管理・コントロール
（難易度設定も含む）

第5章 実務における進捗管理・コントロール（難易度設定も含む）

本章では、設計業務をメンバーに進めてもらうために、どのように進捗管理やコントロールをしていくかについて解説していきます。進捗管理が「進捗監視」とならないように設計者の負荷をコントロール（平準化）しながら、設計品質の高いアウトプットを創出するためのポイントを解説していきます。

5.1 各設計案件の難易度の設定

多くの企業では、設計案件をメンバーに適切に振り分ける仕組みができていないというのが実態です。例えば、筆者が指導するあるクライアント企業では、設計者の能力を加味して、設計マネジメントを担う管理者が「何となく」設計案件を振り分けています。「何となく」というのは、感覚で振り分けているということを意味します。

設計マネジメントを担う管理者ほどの経験者になれば、インプット（商品企画部から商品企画書などを受け取ること）された設計案件がどれくらいの難易度で、その難易度の設計ができるメンバーを感覚で設定することは可能かもしれません。しかし、「感覚」に頼っているのは危険です。設計者の負荷を平準化できていない可能性があるからです。

設計マネジメントを担う管理者が退職や異動などによって変わったらどうなるでしょうか。あくまでも「感覚」で案件を振り分けていたため、その「感覚」が異なる管理者になると振り分け方が変わります。難易度の「感覚」も異なるでしょう。

これではいつまでたっても経験値の高い設計者の負荷は減らず、平準化もされません。最悪の場合、負荷が高すぎて退職を願い出る設計者が出てくる可能性すら考えられます。こうした状況にならないように、各案件を適切（適材適所）に振り分けることができる仕組みを構築しなければなりません。

各設計案件の振り分けの仕組みについてはさまざまな考え方があります。例えば、設計部門方針に掲げるような案件については難易度が非常に高く、過去の製品の大部分を流用して設計する場合には難易度は非常に低いといえます。基本的には難易度を5段階程度に分けてマネジメントするのが最適です。以下、難易度の振り分けについて解説していきます。

難易度を設定する際のポイントは、流用比率とリードタイムです。流用比率が低いと新規の開発内容が多くなるため、設計に必要なリードタイムは長くなります。そのため、難易度は高くなります。逆に、流用比率が高いということは設計に必要なリードタイムが短くなるため、難易度は低くなります。

自動車の事例を基に考えると、難易度によって次のように分けられます（表5-1）。[1] 新型車（新製品）：難易度5、[2] フルモデルチェンジ①：難易度4、[3] フルモデルチェンジ②：難易度3、[4] マイナーチェンジ①：難易度2、[5] マイナーチェンジ②：難易度1――となります。

表 5-1 ●難易度の仕組み（自動車の例）
（作成：筆者）

開発名称	難易度	内容	部品流用比率	リードタイム
新型車（新製品）	5	エンジン、シャシーなど全ての機能ユニットが新型	10%以下	5 年
フルモデルチェンジ①	4	機能ユニットが複数新型（例えば、シャシーとボディーのみ新型で、エンジンは流用など）	10〜30%	4 年
フルモデルチェンジ②	3	機能ユニットが 1 種類新型（例えば、シャシー、エンジンは流用で、ボディーのみ新型）	30〜50%	3 年
マイナーチェンジ①	2	機能ユニットは全て流用だが、機能ユニットそれぞれの性能を向上させるための変更やラインアップ追加	50〜80%	2 年
マイナーチェンジ②	1	意匠のみの変更	80%以上	1 年

5.1.1　［1］新型車（新製品）：難易度5

新型車の場合は、これまでにない自動車を開発することになるため、マーケティングなどの観点も非常に重要になってくるでしょう。併せて、競合他社の分析も必要になります。まだ市場にない自動車を生み出さなければならないため、流用できる部分は非常に少なくなります。従って、難易度は５となります。

また、リードタイムについては自動車メーカーで設定できるものの、市場に投入すべきタイミングについては自動車メーカーの判断だけで決められるものではありません。市場が要求しているちょうど良いタイミングに投入しなければ、機会損失が発生してしまいます。

リードタイムの設定については２つの考え方があります。１つは先ほど解説した、市場が欲しがっている時期を考えてリードタイムを設定する方法です。もう１つは、過去の開発実績から設計者のスキルや経験を含めて必要な時間を割り出し、それを踏まえてリードタイムを設定する方法です。

自動車の場合、通常はマーケティングも含めて５年程度のリードタイムを設定します（これよりも短い期間で開発している自動車メーカーもあります）。そのため、市場投入の時期から５年遡って、開発をスタートさせます。

受注生産型企業の場合、顧客から依頼された製品自体が初めて開発する案件であったとしても、顧客から希望納入時期を決められているはずです。そのため、過去の実績ベースでリードタイムを予測し、希望納入時期に間に合うのであれば安心して受注できます（図 5-1）。

しかし、希望納入時期よりもリードタイムの方が長い場合が多いと思います。そうしたケースでは、次の3つしか対応する方法はありません。顧客に希望納入時期の調整を依頼するか、新しい人材を雇って開発スピードを上げるか、製品難易度を落とした製品を顧客に逆提案するか、です。

このように、受注生産型企業の場合は営業からインプットされた内容

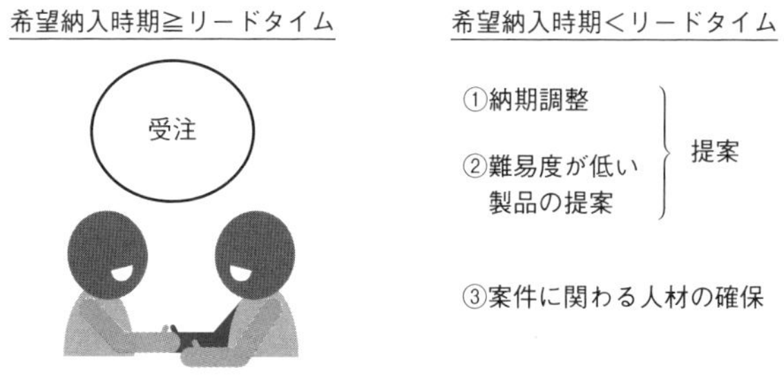

図 5-1 ●受注生産の難易度の仕組み
（作成：筆者）

に対し、まずは設計部門の部門長（もしくは課長）が難易度の設定を行った上で、顧客と調整しなければなりません（もちろん、納期よりもリードタイムの方が短い場合は調整は不要です）。その調整後、現行の設計部門の人材でも確実に設計が可能だと判断できれば、その案件を受注しても構いません。

しかし、営業からインプットされた案件を全て受け入れ、設計者に丸投げすることは控えなければなりません。設計者がしっかりと設計できる環境を整えるのも、設計マネジメントを担う管理者の責任であり役割です。

5.1.2 ［2］フルモデルチェンジ①：難易度4

新型車に近いフルモデルチェンジ①が、難易度4になります。新型車の場合は、この世の中にない製品を創出するため、非常に自由度の高い開発ができます（コストなどの制約条件はあります）。これに対し、フルモデルチェンジ①は、過去の製品からのブランドや顧客が持つ製品イメージを崩さないように、機能や性能を向上していくことになります。そのため、制約条件が非常に多い中で開発することになり、全ての設計案件の中で最も苦労する案件となります。

難易度4のこの設計案件で最も重要なポイントが設計方針です。商品企画や顧客からの要求仕様のみを設計者にインプットすると、設計者によって製品の開発の方向性が異なってしまいます。その結果、設計者によって設計品質や製品品質が異なる製品が誕生してしまいます。

同じ会社から出荷される製品の品質が、設計者によって左右されることがあってはなりません。従って、設計者による開発の方向性が同様になるように設計方針の立案と方針をインプットすることが重要となります。

5.1.3　[3] フルモデルチェンジ②：難易度3

多くのフルモデルチェンジ（フルモデルチェンジ②）が、難易度3に相当します。フルモデルチェンジ②とは、新型車にそれほど近くはないものの、マイナーチェンジを超える設計変更を要するクルマのことです。多数のユニットの機能が刷新されていたり、その性能が向上していたりすることから、ほとんどの顧客には、まるで新型車であるかのような印象を与えることができるでしょう。

実は新型車を開発するといっても、大抵は流用部品が存在しており（30～50％程度）、完全な「新型車」ではありません。しかし、部品の約半分が変わっていれば、顧客は新型車だと感じるものです（デザインにもよります）。流用元がある前提で考えると、市場への投入タイミングや顧客からの要求納期がリードタイムと大幅にかけ離れていることは少なく、設計に関わるメンバーの人数や設計方針などによって実現が可能となります。

フルモデルチェンジ②において難易度を高める要素は、間違いなく「コスト」です。フルモデルチェンジ前の製品から大幅にコストアップさせるわけにはいかず、それでいて機能の追加や性能の向上が求められるという、相反する内容を同時に要求されるからです。

この要求に応えるために有益なのが、VE（バリューエンジニアリング、価値工学）です。ここでVEの考え方を確認してみましょう。

5.1.3.1　VEの定義

VEとは、対象となる製品またはサービスの必要な機能を最低の総コストで確実に達成するために、その機能分析に注ぐ組織的な努力のことです。

ここで大切なのは、「製品に必要な機能」を考えることです。コストダウンとの大きな違いがこの「機能」にあります（図5-2）。コストダウンは、価格を構成する各要素を少なくすることに力を注ぎます。ところが、VEとは違って「製品に必要な機能」を考えることはありません。

これに対してVEの考え方は、機能中心のアプローチであり、価格を機能別に区分して、各機能の見直しと達成手段の見直しによって原価改善を行うことです。

また、VEの「最低の総コスト」とは、製品の一生に関わるコストを

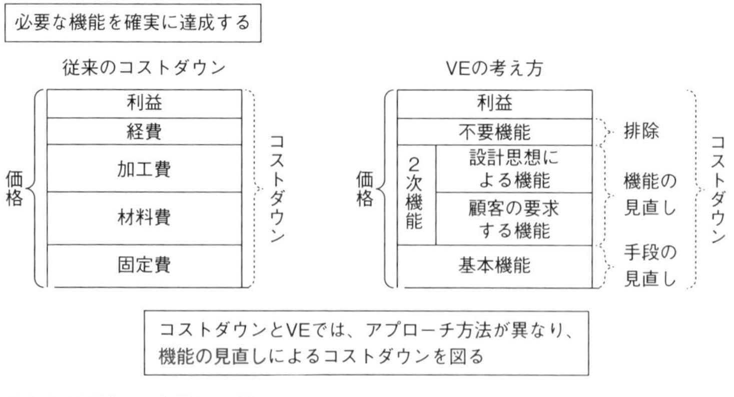

図5-2●VEとコストダウンの違い
（作成：筆者）

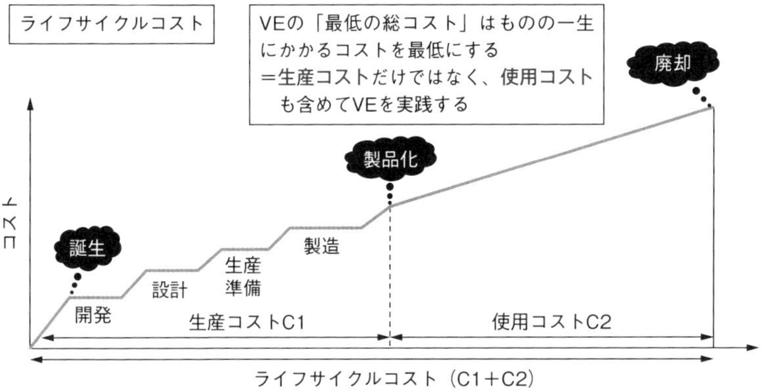

図 5-3●ライフサイクルコスト
（作成：筆者）

最低にすることです。顧客が最初に支払う製品を購入するコスト≒生産のコストだけではなく、ランニングコスト≒使用コストについても検討することが重要です。これら2つのコストを合わせてライフサイクルコストといいます（図 5-3）。VE では全体を見てコストダウンを考えていくのです。

もしくは、機能の向上によるグレードアップを狙います。グレードアップについては商品ラインアップにも関わりますし、競合他社自体も変わってきます。設計案件の難易度を振り分けるタイミングは、ある程度マーケティングが終了している段階です。そのため、1から開発をスタートすることとなり、実現はなかなか難しいといえます。そこで、今回はコストダウンに焦点を当て、難易度3で使用できる VE の内容を解説していきます。

5.1.3.2　VEの概念式

VEでは、次の方程式で価値を評価し、改善によって常に「価値向上」を狙っていく必要があります。

$$V=\frac{F}{C}$$

V（価値）＝価値の程度（価値指数）
F（機能）＝得られた効用（機能）の度合い
C（コスト）＝投入した費用の総額

この概念式でまず理解してほしいのは、「機能（Function）」が分子に、「コスト（Cost）」が分母に存在しており、「価値（Value）」を向上させるためには相反する条件になっているということです。

価値にはさまざまなものがありますが、VEで考えられているのは「使用価値」と「貴重価値」となります（表5-2）。

希少価値と交換価値、コスト価値は主観的要素（人間の感性や思い）が強く、価値の向上はマーケティングを含めてブランド力を向上させることによって得られるものです。製品開発で活用するVEでは検討しないというのが一般的です。従って、VEでは客観的要素が強い使用価値と貴重価値について検討していくことになります。

では、これら2つの価値を高める方法を考えていきましょう。

表5-2●価値の種類と内容
（作成：筆者）

価値の種類	価値の内容
希少価値	少なくて珍しいために生じる価値
交換価値	他の商品の一定量と交換できるような商品の価値
コスト価値	コストが高い／低いことにより感じる商品の価値
使用価値	人のニーズを満足させるものへの有用性の価値
貴重価値	その商品自体を所有することにより得られる価値

（1）コストダウンによる価値向上

従来行われてきたコストダウンです。注意しなければならないのは、機能（F）を維持したまま、コスト（C）のみを低減して価値を（V）高めることです。これがコストダウンの目的です。

$$V=\frac{F}{C}$$

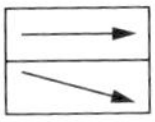

（2）機能向上による価値向上

VEは、コストダウンだけを求める手法ではありません。先述の通り、価値（V）を高める手法であるため、コスト（C）は現状のまま機能（F）を向上させる考え方もあります。難易度4のフルモデルチェンジ①では、コスト（C）はそのままに、機能（F）を向上させることが求められます。

$$V=\frac{F}{C}$$

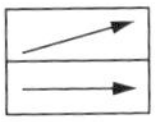

（3）機能向上とコストダウンによる価値向上

最も難しいのが、この手段の実現です。コスト（C）を削減した上で、同時に機能（F）を向上させて価値（V）を高めることが求められるからです。この手段を1つの部品を対象に求めるのは非常に難しいといえます。アセンブリー部品やユニット単位でコスト（C）の削減と機能（F）の向上の両立を考えてください。

例えば、流用元から変更しない既存部品についてはコストダウンを検討し、そのコストダウンの幅以下で新しい機能を保有する部品を追加することができれば、価値は向上します。

このように、部品単体で検討するよりも、あるブロックごとに検討した方がスムーズに価値（F）の向上に導くことができるでしょう。

$$V=\frac{F}{C}$$

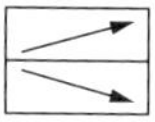

(4) コストアップと大幅な機能向上による価値向上

この手段は、競合他社との競争により、やむを得ず機能（F）を追加したり性能を高めたりしなければならない場合に使用します。例えば、燃費競争でNo.1だったのに、他社の新たな製品によってその座を奪われてしまったといったケースです。

機能（F）をこれまでよりも大幅に向上させなければならないため、コスト（C）の上昇はやむを得ません。しかし、価値（F）を向上させるために、コスト（C）アップの幅が機能（F）の向上の幅を超えてはならないというのがポイントとなります。

ただし、コストアップとなるので、その分を製品価格に反映させる必要もあるため、この手段は慎重に判断しなければなりません。

$$V=\frac{F}{C}$$

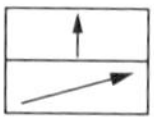

(5) 価値ダウンによる大幅なコストダウン

この手段は、機能（F）を少し低下させるものの、それ以上にコスト

(C) を大幅に低下させるものです。いわゆる「スペックダウン」や「廉価モデル」のことです。製品のラインアップとして、現行の製品よりも大幅に価格の低い製品を最下層にラインアップすることで、獲得する顧客の層を広げるのが狙いです。

ただし、この手段はVEの考え方には入っておらず、商品企画やマーケティングの段階で検討される内容となります。

$$V=\frac{F}{C}$$

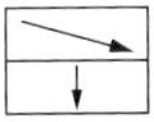

実は、VEでは機能（F）を低下させることを大原則として禁止しています。先ほど説明したように、機能を低下させる製品をラインアップしてよいかどうかは、開発段階で検討できることではないからです。加えて、市場や顧客にそのラインアップが受け入れられるかどうか分からないからです。

例えば、米Apple（アップル）がスマートフォン「iPhone 5」を発売した時の話です。その時に製品ラインアップとして「iPhone 5c」という廉価モデルも発売しました。結果は惨憺《さんたん》たるもので、販売実績は全体の10％に満たない台数でした。そもそもiPhoneを持つユーザーは性能が低くて価格も低いiPhoneを保有したいとは考えていなかったということが、この販売結果から分かりました。顧客がiPhoneに求めているのは、圧倒的な機能や性能、デザインであり、たとえ価格が高くても保有したいと考えているユーザーが多かったのでしょう。結果、現在はiPhone 5cのような製品は発売されておらず、モデルチェンジを重ねながら、圧倒的な機能や性能を持つiPhoneを創出しています。

このように、難易度が3の開発を推進していくためには、VEの方向性を決定し、設計者にインプットする必要があります。ただ単に「コストを下げろ」と指示するだけでは設計者が苦労するだけです。インプットの段階で方向性を決定し、設計者にその実現方法を検討させることこそが、設計マネジメントの重要な役割となります。

5.1.4　[4] マイナーチェンジ①：難易度2

一般にいわれるマイナーチェンジ（マイナーチェンジ①）は、難易度2に相当します。受注生産型企業では多くの案件がこの難易度となり、仕様変更（標準製品から顧客の要求によって仕様の一部をカスタマイズすること）などと呼ばれる設計案件になります。開発の難易度は低いのですが、案件数が多いことに加えて、短いリードタイムが要求されるという特徴があります。

この設計案件では、設計方針のような大きな開発の方向性を定めなくても、実施すべきことが決まっている場合が多いので、商品企画や市場、顧客からの要求をそのままインプットすることとなります。

では、設計マネジメントとして、インプットしたら出図までの期間、設計者に全て任せてもよいのでしょうか。実は、設計者に任せた結果、出図段階の検図で問題が発覚する企業が多いのです。

従って、大きな手戻りとならないように設計マネジメントとしてコントロールしなければならないポイントが存在します。それは「変化・変更点管理」です。商品企画や顧客からの要求内容を設計者にインプットしたら、まず変化・変更点管理を実施します。変化・変更点管理には、しかるべき検討内容が必要です。そこで、変化・変更点管理の内容を解説していきましょう。

5.1.4.1　変化・変更点管理

まず、変化点と変更点の違いです。

変化点：使用環境の違いや他の設計者（他のユニットの設計など）からの要求により、変更せざるを得なくなった設計内容
変更点：商品企画や顧客からの要求を受けて、設計者が自ら変更する設計内容

これら2つの視点で設計マネジメントをコントロールする必要があります。変更点は、設計者が自ら変更しようという意思の下で変更しているため、抜けや漏れは発生しにくいといえます。

これに対し、変化点については、設計者が気づかないこともあるため、さまざまな情報を収集して変化点を抽出する必要があります。他の設計内容が変更されることにより、自分が担当する設計内容にどのような影響があるかも検討しなければなりません。さらには、変更の影響が一目で分かるような仕組みも必要となります（その仕組みを筆者は影響マトリクスと呼んでいます）。

設計マネジメントを担う管理者は、この変化点の内容について、抜けや漏れがないか、問題がないかどうかを確認したり一緒に検討したりした後に、実際の設計作業に取り掛かるようにコントロールする必要があ

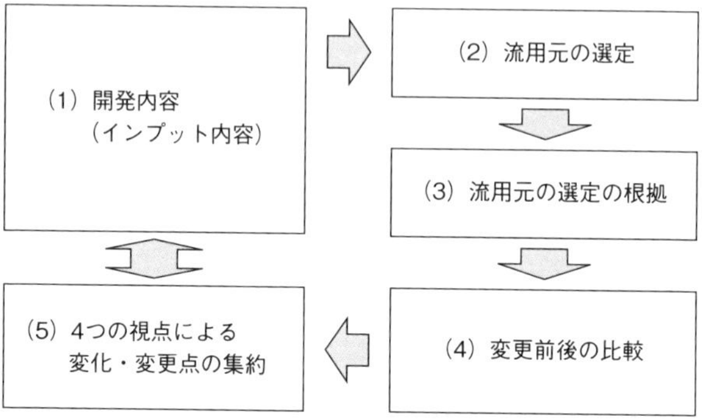

図 5-4●変化・変更点管理の検討プロセス
（出所：筆者）

ります（図 5-4）。

では、変化・変更点管理の内容を簡単に解説していきます。(1) 開発内容（インプット内容）、(2) 流用元の選定、(3) 流用元の選定の根拠、(4) 変更前後の比較、(5) 4つの視点による変化・変更点の集約の5つで構成されます。

（1）開発内容（インプット内容）

この内容は、商品企画書や要求仕様書から抽出し、自分自身の設計内容の部分のみを抽出します。今回の開発でどのような内容を変更しなければならないのかをインプットするために情報をまとめていきます。

（2）流用元の選定

(1) の開発内容で抽出した情報を基に最適な流用元を選定します。製品本体はマイナーチェンジ前の製品が流用元になりますが、今回の開発でカスタマイズしなければならないユニットやアセンブリー部品の流用元を検討します。他の製品の一部分を流用元として選定していくことになります。

本来は、過去の製品の一部を流用するのではなく、カスタマイズ内容が全て機能の塊となっているモジュールを設定し、将来の開発で流用しやすい仕組みとして備えておかなければなりません。しかし、直近の開発内容など、まだモジュールに組み込んでいないものを流用したい場合もあるでしょう。そのため、モジュールや他の製品の開発状況などの情報を幅広く収集し、流用元を選定していきます。

(3) 流用元の選定の根拠（理由）

流用元の選定については、その根拠を明確にしておく必要があります。その理由は、次の開発のときに「なぜそのモジュールやユニットを流用したのかを明確にし、流用に値するかどうかを判断するため」です。

流用元を選定するときに、次のような声を聞くことがよくあります。

・図面を見ても、設計者の意図が分からない
・流用元からカスタマイズしたいが、変更してはいけない部分の境界が分からない（境界線を見つけるのに時間がかかる）
・その設計を行った設計者に確認したいが、退職していて聞くことができない

こうした状況にならないように、流用元を選定した根拠はカスタマイズ領域を設計し始める前にしっかりと残しておくことが必要です。

(4) 変更前後の比較

ここで、流用元と今回設計する内容を比較します。比較した上で、設計すべき変化点と変更点を明確にしていきます。

これは多くの設計者が頭の中で実施してしまっている内容です。CADでモデル（2D-CADの場合は図面）を作成しながら内容を検討しています。検討している途中で、「あっ！ ここの変更を忘れていた」という感じで、気づいたら変更を加えるというのが常です。しかし、追加変更すると、気にしていなかった部分に影響を及ぼす場合があります。従って、追加変更にならないように、最初に変化点と変更点を明確にする必要があるのです。

筆者は「CADに触れる時間を最小限にすべき」だと考えています。CADは図面を描くために効率的なツールですが、CADを触っているだけで仕事をしていると満足してしまいます。しかし、追加変更を重ねるとCAD上での修正が多くなり、結果、間違いや抜け、漏れが発生してしまいがちです。図面は設計者が考えた構想内容を「清書」するものであると筆者は考えています。

もちろん、設計検証用のCAEのモデル作成など、設計しながらCADを触らなければならない部分もあるでしょう。こうした設計検証のためのCAD作業は除外するとして、出図するための図面作成はできる限り最後の清書のみにし、設計検証のための時間をより多く確保することこそ、フロントローディングといえます。その設計検証のためにも変化点および変更点を明確にする必要があります。

(5) 4つの視点による変化・変更点の集約

変更前後の比較（流用元と今回の設計との比較）が完了したら、変化点と変更点をより明確にします。明確にするための視点には次の4つがあります。

A：設計の変化点と変更点

B：条件と環境の変化点

C：材料の変化点と変更点

D：製造工程の変化点

A：設計の変化点と変更点

設計の変更点は、設計者が自ら変更する点であり、流用元との製品の比較を行ってより詳細な変更点を抽出します。加えて、設計者が自ら変更する点以外にも、他のシステムやユニットからの変更情報を受けて(影響マトリクスの仕組みを活用)、変更しなければならなくなった部分を抽出していきます。

例えば、自動車の開発であれば、エンジン本体の設計内容には変更はないものの、変速機の変更により（自動変速機の多段化など)、エンジンと変速機のインターフェース（ハウジングなど）を変更しなければならなくなったケースなどが考えられます。

B：条件と環境の変化点

条件と環境の変化点とは、目標性能が流用元と全く同じなのに、使用環境が変わったことによって変更しなければならなくなった設計内容です。製品に求められる性能は同じでも、例えば、使用環境の「温度」が異なれば、設計を変更しなければならないケースがあります。

例えば、パッキンのようなゴム部品は低温環境下では柔軟性がなくなり、常温よりも経年劣化が早くなる可能性があります。そのような場合にはパッキン自体の変更や、パッキンを使用しなくても性能を維持できる構造への変更などを検討しなければなりません。

開発内容（インプット内容）から使用環境をしっかりと把握し、条件と環境の変化によって必要となる設計変更の内容を明確にしましょう。

C：材料の変化点と変更点

材料の変化点としては、設計者として変更するつもりはないものの、購買や製造からの要求によって使用する材料が変更になるケースなどが考えられます。特に、納期が非常に長い部品を使用する場合は、市場への投入時期や顧客から要求された納期に間に合うかどうかによって採用の可否を検討しなければなりません。

設計としては現行の材料で問題がなくても、納期が長くなっていたり、生産が中止されていたりして変更せざるを得ない材料もあることでしょう。そうした材料について、設計の後工程である購買や生産技術、製造から情報を得て、材料の視点で設計変更の必要性の有無を確認しましょう。

この確認が設計後になると大きな手戻りにつながる可能性があります。従って、設計する前のインプット段階で必ず情報を収集するように心掛けてください。

D：製造工程の変化点

製造の変化点については、材料の変化点と同じように、製造における加工方法や組み立て方法に変化がないかどうかを確認していきます。例えば、同じ部品を加工する場合でも、加工するための設備が変わると精度の違いが発生する可能性があります。その精度の違いによって品質に影響が出てしまうと、設計のやり直しにつながってしまいます。

マイナーチェンジのようにこれまでの製品と違いはなくても、製造の生産性向上のための変化は必ずと言ってよいほどあるものです。そうした変化点をしっかりと押さえておくことにより、設計のやり直しを最小限にとどめることができます。

以上のように、設計インプットの前に変化点と変更点を明確にしておくことにより、設計の手戻りを最小限にとどめることが可能になります。設計マネジメントを担う管理者は、設計者が設計に着手する前に、変化点と変更点に間違いがないか、また抜けや漏れがないかについて必ず確認しましょう。

5.1.5　[5] マイナーチェンジ②：難易度1

このマイナーチェンジ②は、設計内容にほぼ影響のないデザイン面のみの変更です。例えば、受注生産型の設備製造会社において、設備のカバーのデザインを変更してより良い印象の装置へと変えるような変更のイメージです。

このマイナーチェンジ②については設計変更の内容が明確になってい

るため、マイナーチェンジ①とは違って変化・変更点管理は実施しなくても構いません。若い設計者に設計の経験（図面作成能力の育成の観点も含む）を積ませるためには最適な案件です。

設計マネジメントを担う管理者は、設計者の能力によってマイナーチェンジ②を実施させるべきかどうかを判断します。そして、設計者の負荷状況を見ながら案件を振り分けてください。

以上のような難易度の設定の仕組みに従い、設計マネジメントを担う管理者は難易度を設定していきます。ここで、全体を整理しておきましょう（図5-5）。

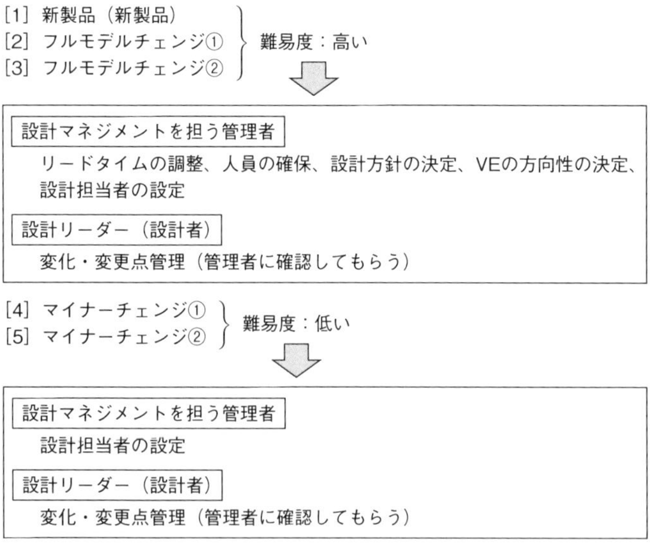

図5-5●難易度の設定の仕組み
（出所：筆者）

難易度の高い設計案件の場合、設計マネジメントを担う管理者が実施しなければならないのは、次の4点です。

(1) リードタイムの調整、人員の確保
(2) 設計方針の決定
(3) VEの方向性の決定
(4) 設計担当者の設定

その後、その内容を設計者に説明し、変化・変更点管理を実施してもらいます。ただし、新製品（新型車）の場合は流用比率が少ないため、多くの部分が変化点と変更点になってしまうため、実施する必要はありません。先述の通り、設計マネジメントを担う管理者は変化点と変更点を必ず確認してください。この確認を行うだけで手戻りが減少します。

難易度の低い設計案件の場合は、(4) の設計担当者の設定だけで問題ありません。ただし、気を付けなければならない点は、振り分ける設計者の能力をしっかりと把握しておくことです。この設計者の能力把握については第7章の設計者の教育体系で解説します。

MEMO

トヨタ最強の秘密

トヨタ自動車（以下、トヨタ）の強さの秘密を探ってみましょう。新型コロナウイルス禍にあった2021年度の決算は売り上げも営業利益も過去最高となり、他の自動車メーカーが苦しんでいる中で独り勝ちの様子を呈しています。なぜ、他の自動車メーカーとの間でこうした違いが出ているのでしょうか。約10年間トヨタに在籍した筆者の目から、業務プロセスや組織風土などを踏まえつつ、同社の強さの理由を考えてみました。その結果、[1] 金太郎飴《あめ》の人材、[2] 技術者は自由に設計することができない、[3] みんなで考える、という3つの秘密が浮かび上がりました。

[1] 金太郎飴の人材

先日、トヨタを退職して他の会社に転職した人の講演を拝聴しました。プレゼンテーション資料の作り方からトヨタへの愛社精神、退職したからには世の中に貢献してトヨタにも恩返ししたいと思う気持ちまでが筆者と全く同じであることに驚きました。特に体系的に物事を捉えることまで筆者と一致したのは鳥肌が立つほどでした。

例えば、問題解決に臨むときに、トヨタではA3判用紙1枚に記載するルールがあります。トヨタに在籍していれば、必ずこの問題解決のフォーマットを使用することになります。何万人もいる社員全員が同じフォーマットを使用するのです。

このフォーマットでは、「図○○」は下に、「表△△」は上に記すといった、記載に関する細かいルールまで定められています。

そして、トヨタのさらにすごいところは、1度決めたルールは全員が守り、同じものを使用し続けることだと思います。

例えば、横断歩道を渡るときの指差《ゆびさし》呼称。これをトヨタにいる全員が必ず行います。一旦停止し、「右よし、左よし、右よし」と声を出して確認してから横断するのです。クルマが走っていなくても、誰も見ていなくても、です。階段を昇降するときには、必ず手すりを持ちます。安全が全てに優先されるという前提からこうした安全のルールが決まっており、それを全員が必ず守るのです。初めてトヨタに来る人は驚くかもしれません。

話を元に戻します。同じフォーマットを使い続けると、物事の捉え方や考え方が社員全員でそろいます。また、体系的に物事を捉えることについても、新人研修や職場で日々「何のための業務なのか」と聞かれたり、目的と手段についての議論を毎日のように行ったりすることで、社員の間で身に付いていくのです。

筆者だけであれば、トヨタとは関係のない場所で気づかぬうちに身に付けたノウハウや物事の捉え方、考え方という可能性もありますが、他のトヨタ出身者も同じだということは、やはりトヨタで身に付けたものなのでしょう。トヨタ内で徹底的に鍛えられたことが、筆者の会社の強みにも出身者の強みにもなっていることを、退職して初めて知ることができました。

[2] 技術者は自由に設計することができない

技術者（設計者）として働いていた頃、「自分にしか分からない設計は設計者のエゴである。自分しか知らない、できないではなく、誰でも分かりやすい簡単な構造で設計せよ」と日々言われました。設計を担うテクニカルセンターだけで言われている内容かと思っていたら違いました。全社的に同じような考えになっていたのです。

誰にでも分かりやすい資料やフォーマット、プロセスを考えることで同じ品質のアウトプットが出しやすくなるという考え方が、この教えの基になっています。何か問題が起きたときにそれに対処することだけに力を入れてしまうと、その場しのぎの対応となってしまいます。すると、後で同じ問題が再び発生してしまうのです。このことは技術職にも事務職にも関係なく当てはまります。

トヨタでは、再発防止策を常に考えるのが仕事であると徹底的に叩きこまれます。故に、技術者であっても自由な設計は許されません。

[3] みんなで考える

トヨタは、社員全員あるいはメンバー全員で考えることを大切にします。「1 人の 100 歩より、100 人が 1 歩ずつ」という意識が非常に高いのです。たった 1 人の天才が優れたアイデアを出して企業を大きくするケースもあるでしょう。しかし、トヨタでは、若手社員を育てる意味も含めて、自分の考えているコンセプトを何回もチームメンバーに話し、メンバーのアイデアを聞いてコンセプトの修正を図っていきます。

みんなで考え、知恵を出し合って、より良いものを創造する。これがトヨタの意識であり考え方なのです。

他にも風土やルールなど、まだまだトヨタの強さの秘密として紹介したいものはありますが、ここでは一部のみを取り上げました。同社には何十万人という社員がいるため、1 人の例外もなく全員が同じというわけではないかもしれませんが、ほぼ全ての社員が同じように考えていると思います。

最後にまとめると、トヨタの最強の秘密とは、「こうした考え方の人材を育てていくと、外部環境に変化があったときに大きく舵《かじ》を切っても、全ての社員が対応できる」ことにあるのだと思います。

やはり、「企業は人なり」。その企業にいる人をどう育てるかが、企業にとって最も重要なことなのです。トヨタは昔から人材をしっかりと育成してきたからこそ、現在の最強の姿があるのだと思います。

5.2 現在の進捗管理とは

設計マネジメントを担う管理者にとって進捗管理はとても重要です。しかし、進捗管理がきちんとできている企業は少ないと言わざるを得ません。というのも、進捗管理といいつつ、出図期限やDR（設計審査）など最終成果物に対する日程管理のみであり、その期限までの進捗のコントロールは設計者任せになっていることが多いからです。

もちろん、設計者自身が出図期限までの計画を立案し、タスクごとに着手する日程を設定して、それを実行できる場合もあるでしょう。しかし、設計者全員がそうした計画を立案できるとは限りません。例えば、新人設計者に綿密な計画の立案は難しいでしょう。

従って、設計者に期限までに効率的に設計をしてもらう進捗管理≒コントロールの方法が、設計マネジメントを担う管理者には必要なのです。

では、現在必要な進捗管理を解説していきましょう。

5.2.1 管理者に必要な行動「はきもの」

最も効率的で生産性の高い設計を実現するための進捗管理は、「期限までにどのような能率で仕事をしてもらうかを設定した上で、順調にその予定が進捗しているかどうかを確認すること」です。このために、設計マネジメントを担う管理者にははきものが必要になります。背景・期限・目的・能率のそれぞれの読みの頭文字を取って「はきもの」です。

(1) は：背景

(2) き：期限

(3) も：目的

(4) の：能率

それぞれの内容について確認してみましょう。

まず、(1) の背景です。その設計案件がなぜ発生しているのか、会社としてなぜ取り組む必要があるのかを含めて説明しなければなりません。設計案件が発生するということは、必ず製造があり、その製品がこの世の中に投入されるということです。また、受注生産型企業であれば、なぜそのような要求仕様があるのか、顧客はなぜその製品を必要としているのかを知る必要があります。その設計案件の背景を設計者にしっかりと説明することにより、設計者は背景からさまざまなリスクや顧客の使い方などを考えることができるようになります。背景を知らなければ、そのような「気づき」は得られません。

続いて、(2) の期限です。この期限については、設計マネジメントを担う全ての管理者が設計者に伝えています。しかし、重要なのは、最終成果物である図面の出図期限だけではありません。それぞれのタスクについても期限を設け、各タスクの内容を1つひとつ確認しなければならないのです。

次に、(3) の目的では、その設計案件を何のためにその設計グループで実施すべきかを伝えることはもちろん必要です。しかし、最も重要なのは、何のためにその設計者に設計案件を振り分けたかを伝えることです。設計者はその設計案件によってどのように成長するのか、どのような知識を得ることができるのか、業務そのものの目的を伝えなければなりません。

設計者はそれらの目的を理解した上で設計を進めていきます。もし、この目的がないまま設計者に業務を振り分けてしまうと、単なるルーチンワークとして言われた内容のまま設計するだけで、設計者は何の成長も得られません。

全ての業務には目的があり、その業務から設計者がどう成長するのかを常に考えながらマネジメントしなければなりません。設計者も常に目的意識を持って設計に挑まなければならないのです。

最後に、(4) の能率です。「はきもの」の中で最も重要で設定も難しいのが、この能率です。能率は、振り分けた設計案件を期限までにどのような負荷で実施するのかを決めることです。

能率を無視して業務を進めるとどうなるでしょうか。期限ギリギリまで着手せず、多くの残業で期限に間に合わせたとしても、期限を守れていることになります。しかし、こうした仕事の仕方では余裕が全くない状態で仕事を進めることになり、仕事の質が低下します。例えば、設計変更部分を忘れていたり、干渉してしまっていたり、発注を忘れていたりなど、ポカやミスが増えてしまいます。

期限に間に合えばよいというわけではなく、目標とする品質を確保しつつ、期限を守れる仕事の仕方にしなければなりません。そのための能率です。

能率を設定するためには、設計案件を各タスクに分け、個々のタスクをいつから開始し、いつまでに終わらせなければならないのかを計画する必要があります。適切な負荷状況をコントロールしながら設計者に業務を進めてもらうことにより、負荷の「視える化」ができ、負荷の平準化も検討できるようになります。

では、この「はきもの」を意識して、どのように進捗管理をしていけばよいのでしょうか。具体的な手順を解説していきましょう。

5.2.2 進捗管理の具体的手順

進捗管理には4つの手順があります。

①その仕事をする上での日程間（何日から何日まで）を設定する
②その日の完了の目途《めど》を設定する
③進捗状況を毎日実績入力してもらい、1日以上遅れが発生している場合には自動的にアラームを上げるようにする
④進捗状況が思わしくない場合はサポートに入る

これらを具体的に説明していきます。

①その仕事をする上での日程間(何日から何日まで)を設定する

これは（4）の能率に関する内容となります。各タスクの開始日を設定します。この開始日の設定が非常に重要です。業務の難易度に関係なく早期に着手することにより、日程に余裕が生まれると同時に、設計の途中で問題が発生して当初の計画よりも時間がかかったとしても、挽回することが可能な計画を立案することができるようになります。

例えば、10枚の部品図を作成するとします。10枚の部品図の作成時間はほぼ同等とする場合に、10日間で終わらせる（約2週間）べきか、それとも5日間で終わらせるべきかを検討します。検討の材料としては、部品図の作成なので、設計のほぼ終盤だったとすると、設計検討に何日必要で、組み立て図に何日必要かを検討しながら、最後の部品図の作成に残された時間を算出していきます。残された時間で部品図を作成できるかどうかを（自分自身の能力を考えた上で）検討し、部品図作成のリードタイムを設定していきます。リードタイムが分かれば、開始日が分かり、スムーズに業務を進めることができるようになります。

②その日の完了の目途を設定する

計画を立案できたら、その計画通りに業務を進めていくために各日に対してタスク終了の目途を検討していきます。先の例では、5日間で10枚の図面を作成するのであれば、1日に2枚の図面を完成させなければなりません。そのため、2枚を完成させるという計画を立案するのです。さらに詳細な計画を立案するのであれば、1日を午前中と午後一、夕方のように3分割し、それぞれの完了目標を立案します。例えば、次のようになります。

午前中：部品の形状を作成

午後一：組み立て図を確認し、干渉がないか、問題がないかを確認しながら、形状を修正

夕方：寸法の設定および表面処理の設定

設計マネジメントを担う管理者は、この計画を設計者に実施してもらいます。ただし、設計者は管理者に言われなくても、上記の計画を立案してください。ベテラン設計者であれば、ある程度頭の中で計画しているはずで、リスク（問題が発生した場合）に備えてある程度余裕のある計画を立案していることでしょう。

実は、この計画を立案している設計者は非常に少ないというのが実態です。設計マネジメントを担う管理者も、この計画を立てるように指導していません。この計画は、設計マネジメントでは非常に重要です。設計は1つの設計業務の中にも多くのタスクが存在し、そのタスクを計画的に実行できるようにならなければ、一流の設計者にはなれません。

③進捗状況を毎日実績入力してもらい、1日以上遅れが発生している場合には自動的にアラームを上げるようにする

②で1日ごとの計画が立案できるようになれば、後は実績を確認していくだけです。必ず実績を入力できる仕組みを使い、計画と実績の差異を確認できるようにしておきます。実績が計画に対して遅れているのであれば、遅れていることが自動的にアラームとして設計マネジメントを担う管理者に上がるような仕掛けをしておきます。

設計マネジメントとして、「問題があれば報告してくれ」といった方法は現在では最適な方法とはいえません。その理由は、アラームを上げるのが設計者任せになっており、設計者によってアラームを上げるタイミングに差異が出てしまう可能性があるからです。アラームに気づくのが遅れると、挽回できなくなる恐れがあります。ITツールが発達して

いるのですから、うまく活用して自動的にアラームが上がるようにしてください。例えば、計画に対して実績が2日以上遅れている場合に自動的にメールが設計マネジメントを担う管理者に送付される仕組みなどがこれに相当します。

④進捗状況が思わしくない場合はサポートに入る

③の実績確認の結果としてアラームが上がった場合、遅れを挽回できるかどうかについて、設計マネジメントを担う管理者は設計者と相談します。挽回できなければ各タスクの期限に間に合わず、後工程のタスクの着手も遅れてしまいます。そうなると全てのタスクが後手に回ってしまい、結果として期限に間に合わなくなる、もしくは間に合ったとしても目標とする品質の成果物（図面など）がアウトプットできなくなる可能性が生じます。

設計者と相談した結果、このまま設計者だけで挽回できる場合もあれば、他の設計者にサポートに入ってもらわなければならない場合もあるでしょう。管理者だけで今後の対策を立案するのではなく、設計者と相談してサポートの有無を決めることが大切です。

こうした進捗管理を実践すれば、設計者を適切にコントロールできるようになり、設計者も余裕をもって業務を進めることができます。これはあらゆる設計業務に必要な進捗管理の仕組みなので、すぐにでも実践してほしいと思います。

第6章

マネジメントに有効な設計品質ツール

第6章 マネジメントに有効な設計品質ツール

設計には以前からさまざまなツールが使用され、時代の流れとともにツールの内容も進化しています。本章では、フロントローディングを実現するためのツールと設計マネジメントに必要なツールを解説します。設計マネジメントを担う管理者には、これらの設計品質ツールを有効に使用し、適切なマネジメントを実施することが求められます。

6.1 設計品質ツールの全体像

まずはさまざまな設計品質ツールには、設計とどのような関連性があるかを確認していきましょう。本書で取り上げる全ての設計品質ツールを使用しなければ設計マネジメントができないというわけではありません。しかし、設計者の設計内容を確認するために必須の設計品質ツールも存在します。適切なタイミングで設計品質ツールを使用することで、フロントローディングを実現していきましょう。

図6-1に設計品質ツールの関連図を示します。これは設計品質ツールを4つの段階、［1］インプット段階、［2］キャタリスト段階、［3］プロセス段階、［4］アウトプット段階に区分して整理したものです。

6.1.1 インプット段階

インプット段階とは、商品企画書などを受け取って設計がスタートする段階、つまり、基本（構想）設計における最初の段階のことです。このインプット段階で必要な設計品質ツールは、①設計書（設計仕様書）

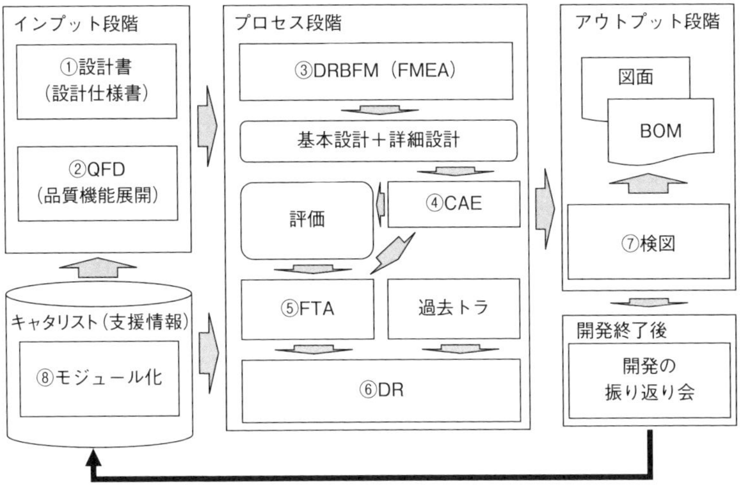

図 6-1 ●設計の各段階と設計品質ツールの関連を表す全体図
（作成：筆者）

と②QFD（Quality Function Deployment；品質機能展開）です。設計書は、設計方針が組み込まれているドキュメントです。その設計方針から製品開発に必要な「機能」を抽出し、その機能の実現方法を明確にしていきます。この設計書を基に目標品質や目標性能を定めていきます。

製品全体の目標品質や目標性能は、商品企画書や要求仕様書に定められています〔自動車であれば、燃費や馬力（出力）など〕。それに基づき各機能を実現するユニットごとの目標値を設定していきます。その目標値を設定するのがQFDです（図6-2）。

プロセス段階に入る前に、インプット段階の情報を受けてキャタリスト（支援情報）段階（後述）から必要な情報を抽出し、その内容も一緒にプロセス段階に移行していきます。

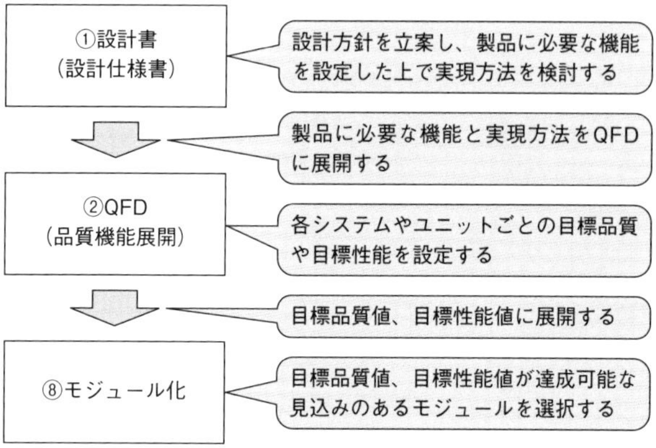

図6-2●インプット段階と必要な設計品質ツール
（作成：筆者）

インプット段階におけるマネジメントのポイント

インプット段階で重要なのは、設計書における「設計方針の設定」とその方針を実現するために必要な「実現方法の設定」です。設計者に大きなベクトルを示すと同時に、設計内容にある程度の制約条件を設けて安定した設計品質が実現できるようコントロールしていきましょう。

6.1.2　キャタリスト段階

キャタリスト段階とは、設計業務における支援情報をデータベース化したものを使用する段階です。要は、インプット段階から情報を得て、流用元を選定する段階のことです。例えば、PDM（Product Data Management；製品情報管理）システムに入っている過去の製品の図面情報なども、このキャタリスト段階に相当します。PDMに入っているのは過去の成果物（図面やドキュメント）であり、その成果物を標準化、共有化したものがモジュール化となります。キャタリスト段階で必要な設計品質ツールが⑧モジュール化です。QFDから展開された目標品質値と目標性能値を確認し、それらが達成可能なモジュールを選択していきます。

キャタリスト段階で保有すべきモジュールは、常にアップデートしておかなければなりません。そのため、開発が完了したら「振り返り会」を実施し、既にあるモジュールに加えるべき設計内容があるかどうかを確認していきます。成果物をそのまま開発のフォルダーにしまい込んでいては、せっかく開発で苦労した内容を他の設計者に展開できません。このモジュールに追加するために実施する振り返り会は、設計マネジメントにおいて重要な役割を担っています。

キャタリスト段階におけるマネジメントのポイント

キャタリスト段階で重要なのは、流用元の設定を過去の製品のノウハウが集約されているモジュールから選択することです。設計マネジメントを担う管理者が、この選択の根拠を含めて確認することで、設計に入ってからの大きな手戻り（流用元の設定間違いなど）を防ぐことができます。また、モジュールを常に最新の状態に保つためにも、開発終了後の振り返り会を実施してモジュールに反映するための設計内容を設定しておくことが重要です。

6.1.3 プロセス段階

設計にインプットしたら（インプット段階を終えたら）、続いて綿密なマネジメントが必要となるプロセス段階に移行します（図 6-3）。この段階で必要な設計品質ツールは、③DRBFM（Design Review Based on Failure Mode；故障モードに基づく設計審査）または FMEA（故障モード影響解析）、④CAE（Computer Aided Engineering；コン

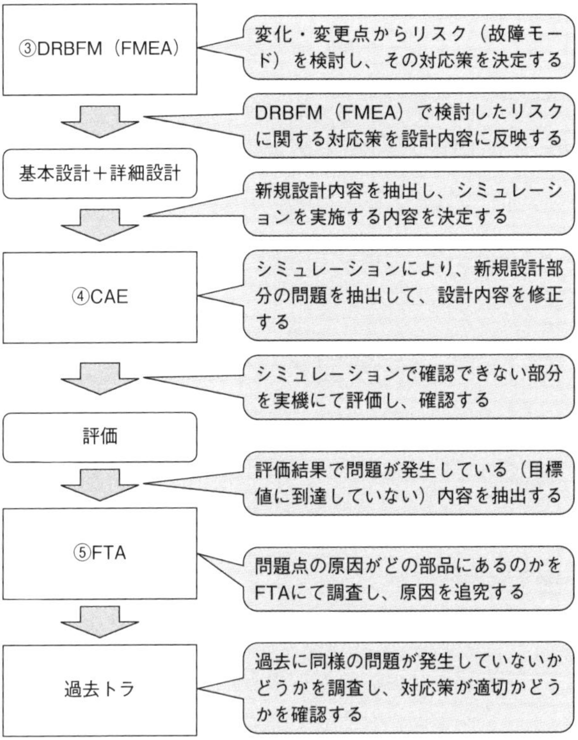

図 6-3 ● プロセス段階と必要な設計品質ツール
（作成：筆者）

ピューターによるエンジニアリング)、⑤ FTA (Fault Tree Analysis；故障の木解析)、⑥ DR (Design Review；設計審査) です。では、プロセス段階におけるマネジメントのポイントを解説していきましょう。

6.1.3.1 DRBFM(FMEA)

最初に使用する設計品質ツールがDRBFM (FMEA) です。この設計品質ツールは、第3章図3-1のマネジメント全体像で解説した「リスクの検討」に当たる部分です。設計書で設計方針が明確になっており、さらに使用するモジュールが設定されているため、流用元が明確になっています。流用元からの変化点と変更点を明確にし、それらに対するリスク (故障モード) を抽出します。

DRBFMのような設計品質ツールを使用しない場合、設計しながら設計者の頭の中でリスクを検討することになります。すると、リスクの抜けや漏れが生じたり、リスクに対する対応策が曖昧になったりする可能性があります。加えて、頭の中でリスクを検討するため、次に開発するときに他の設計者が図面を見ただけでは、その設計の意図が分からない状態になってしまいます。

設計では、その形状が決まった理由が分からないと安易に変更することは難しく、大きな制約条件になってしまいます。実際、安易に変更して大きな問題に発展してしまうケースもあります。そうした事態を防ぐために、設計する前の段階でしっかりとリスクを抽出しておかなければなりません。

このDRBFMにおけるマネジメントのポイントは、的確なリスクが抽出されているかどうかを確認することと、それらのリスクへの対応策に問題がないか、もしくは他のアプローチがないかを確認することです。

プロセス段階におけるDRBFMのマネジメントのポイント

DRBFMは変化点と変更点に着眼し、リスク（故障モード）を抽出するための手法です。変化点と変更点に抜けや漏れが発生してしまうと、リスクの検討ができません。そうした事態を防ぐには、変化・変更点管理の仕組みを導入する必要があります。その仕組みとDRBFMを組み合わせ、変化点や変更点に抜けや漏れがないかどうか確認して、問題がなければ設計者に基本設計に入ってもよいと連絡します。

6.1.3.2 CAE

CAEは、実機での評価をせずにシミュレーションによって設計内容に対する問題を抽出するための設計品質ツールです。とはいえ、シミュレーションを実施するためには、さまざまな準備が必要となり、多くの工数を投入しなければなりません（ただし、実機に比べるとはるかに短い時間で済むケースもあります）。全ての新規設計部分について確認するのはムダな場合がありますし、実機の評価でしか確認できない設計内容もあります。そのため、シミュレーションすべき評価内容を正しく設定しなければなりません。

評価内容を決めたら、いよいよシミュレーションの実施です。シミュレーションの結果から設計内容を修正し、再度シミュレーションで確認する作業を繰り返して、問題がない状態になるまで続けます。

ここで重要なのが、評価結果を予想した上でシミュレーションを実施することです。どのような結果が出るか分からない状態でシミュレーションを実施すると、その結果が思わしくない場合に対応策の検討に時間がかかります。要は、次の策への「当たり（検討）」を付けられない状態です。

実機では検討できない内容でもシミュレーションであれば実施できるのですから、さまざまな傾向をつかみながら目標品質や目標性能にたどり着く設計内容を評価することを心掛けてください。設計マネジメントを担う管理者は、評価に対する予測をあらかじめ設計者にヒアリングしてシミュレーションを実施させるように仕向けてください。

プロセス段階におけるCAEのマネジメントのポイント

CAEは非常に便利なツールですが、評価内容や評価基準について明確にしておかなければムダに終わってしまう場合があります。そのため、設計マネジメントを担う管理者は、CAEでの評価内容をしっかりと確認した上で設計者に実施させてください。また、設計者にCAEによってどのような結果が出るかを予測させた上で実施させるようにしてください。これは設計者のノウハウや能力向上にもつながる重要なポイントです。

6.1.3.3　FTA

FTAは、好ましくない事象が発生した場合に、その原因を下位レベルまで展開して追究する設計品質ツールです。市場投入後に製品が故障した場合に使うなど、幅広い状況で使用することが可能です。開発段階では、評価で好ましくない結果が発生した場合に、その原因を追究するために使用します。

FTAを使用する際のポイントは「機能」です。好ましくない事態をトップ事象として、下位に展開するときに機能を展開し、それぞれの機能にどのような故障が起きるとトップ事象で設定した故障内容が発生するのかを考えていきます。FTAにおいて、真因（問題を引き起こした本当の原因）を追究する「なぜなぜ分析」とは異なるところが、この「機能」に着眼する点です。

プロセス段階におけるFTAのマネジメントのポイント

FTAはなぜなぜ分析になりがちです。なぜなぜ分析は真因を深く検証できるものの、部品点数が多い製品では、設計者が思い込んだ原因を追究するだけになってしまい、結果的に異なる対応策を打ってしまうことが多いという課題があります。それを防ぐために、各部品の「機能」に着眼して検討してください。設計マネジメントを担う管理者は、この機能の展開ができているか否かを確認し、原因の追究がしっかりとできているかどうかを検証してください。

6.1.3.4 DR

DRは日本語に直訳すると「設計審査」ですが、審査のみで終わってしまうケースが多いので注意が必要です。設計品質ツールの1つであることを考えると、本来の使い方は「改善を図るための手法」です。

改善を図るためには、審査や承認行為ではなく、問題点を抽出した上で対応策を全員で議論する必要があります。従って、DRを説明会や設計者をつるし上げる会にしてはいけません。設計者が積極的にDRに参加できる雰囲気をつくることが設計マネジメントを担う管理者の役割です。

設計マネジメントを担う管理者は、設計者が検討した設計内容について設計ストーリーがあるかどうかを確認していくことがポイントです。設計ストーリーとは、目標品質や目標性能に到達するために、どのような考え方で設計したのかを物語を描くイメージで構築したものです。

こうしたストーリーは設計だけではなく、全ての仕事に必要な考え方だと筆者は考えています。ストーリーがなく単に結果を並べただけでは、報告を受ける方はなぜその結果になったのかが分かりません。そうした状況に陥らないように、設計マネジメントを担う管理者は内容を確認する必要があります。

プロセス段階におけるDRのマネジメントのポイント

DRでは、設計者にとって参加しやすく報告しやすい状況を整えなければなりません。説明会や、設計者をつるし上げる会にならないように注意してください。一方で、設計者には報告内容として設計ストーリーがある資料作成を心掛けるように、設計マネジメントを担う管理者は指導してください。そうすれば、問題点を抽出しやすくなり、改善の内容も参加者全員で検討できるようになるでしょう。

6.1.4 アウトプット段階

アウトプット段階で使用する設計品質ツールは、「最後の砦《とりで》」ともいわれる⑦検図です。いくら設計内容が完璧であったとしても、その内容が図面に反映されていなければ意味がありません。制御の場合であれば、ソースコードに反映されていなければ意味がありません。設計者の成果物である設計内容が問題なく作成されているかどうかを検討するのが、検図の役割です。

検図は、検図者（もしくは管理者）が図面を眺めて誤記を訂正することではありません。検図の目的は、「機能や性能、信頼性、コスト、納期などを満たすことができる図面になっているかどうかを確認すること」です。従って、機能や性能、信頼性、コスト、納期などを確認できる材料が必要になります。要は、図面を検証するためのドキュメント（資料）が必要になるということです。そのドキュメントを見て設計者の設計意図や考え方を判断しながら、その結果が図面に正しく反映されているかどうかを確認していくのです。

アウトプット段階における検図のマネジメントのポイント

検図は誤記訂正が目的ではありません。機能や性能、信頼性、コスト、納期などを満たす図面になっているかを確認することが目的なので、これらの目的を達成できる検図を心掛けてください。そのためには、図面を検証するためのドキュメントを設計者に提出してもらう必要があります。また、設計者にヒアリングを実施して図面が正しいかどうかを確認するようにしてください。

以上のように、設計品質ツールをうまく組み合わせ、適切なタイミングで設計者が活用することでフロントローディングの実現が可能になります。

ただし、設計品質ツールは、設計者に使ってもらうだけでは効果を最大限に発揮することができません。設計マネジメントを担う管理者は、設計者が使用した設計品質ツールの結果をしっかりと確認し、それまでに自身が培ったノウハウや経験を生かして、必ず設計者にアドバイスするようにしてください。マネジメントのポイントは、それぞれの設計品質ツールの成果物をどれくらい愚直に確認するかにかかっています。最終成果物である図面だけを確認しているようではいけません。

成果物を確認すると手戻りが減少するため、結果的に、通常のプロセスで設計したときよりもリードタイムが短く（負担が軽く）なるはずです。今すぐにでも設計品質ツールの全体像を整理し、使用するタイミングや成果物の確認方法を含めて設計品質ツールを活用する仕組みを構築してください。

6.2　設計品質ツールを使用したマネジメント事例（100円ライター）

設計品質ツールの使用方法を理解したところで、具体的な使用事例を確認してみましょう。ここでは、特に重要な①設計書と③ DRBFM、⑥ DR、⑦検図のマネジメントポイントを解説していきます。100円ライターを開発するメーカーになったつもりで内容を検証してみてください。

6.2.1　設計書

設計書を使用してマネジメントするポイントを事例で確認していきましょう。図6-4に設計書の全体像を示しました。この設計書の中の商品企画書（図6-5）と機能系統図（図6-6）の内容を確認していきます。また、図6-7に100円ライターの3Dモデルを示しました。

設計マネジメントを担う管理者が確認すべき商品企画書のポイントは、「顧客のニーズ」と「顧客の商品の使い方（見て分かる、使って分かる、使い終わって分かる）」です。100円ライターの商品企画書から抽出すべき内容は次のようになります。

[1] 顧客のニーズ

・同じ燃料量でも点火回数が多い

・子供が操作しても簡単に点火しない

[2] 顧客の商品の使い方

「セールスポイント」の「顧客」の「第2種：使って分かる」（図6-

5を参照)

・炎の調整が不要で常に一定の炎が出る(競合他社分析の結果)

・着火率が高い

・点火回数が多い(燃費が良い)

これらの内容を実現するための機能を検討していきます。それが機能系統図です(図6-6)。機能系統図は、その製品を各機能に細分化していき、商品企画書に対して追加や変更、削除しなければならない機能がないかについて検討します。100円ライターの場合は次のようになります。

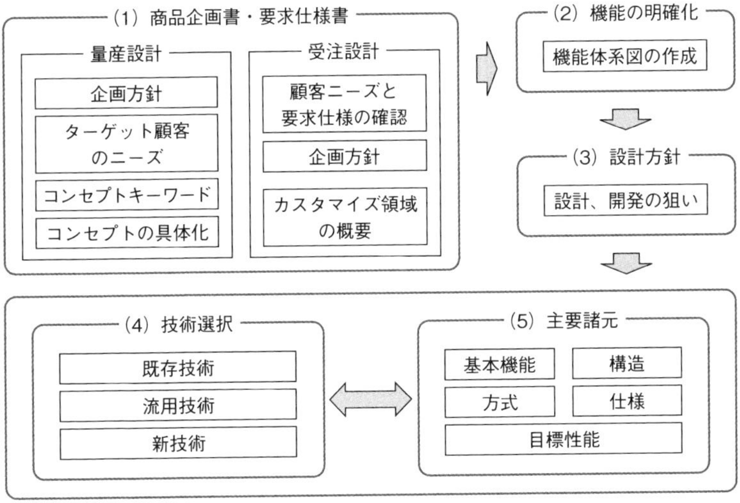

図6-4●設計書の全体像
(作成:筆者)

商品コンセプト	商品名	100円ライター

企画方針	100円ライターの従来の概念を覆す圧倒的な能力を持つ差別化商品を市場に投入する ○主な顧客ニーズ 1) 手の高さから落としても故障しない 2) 点火しやすく、操作が簡単 3) 子供が操作しても簡単に点火しない 4) 同じ燃料量でも点火回数が多い 5) 価格が安い

↓

ターゲット顧客(階層別)		コンセプトキーワード	
タバコを吸う人	男性	①低価格 ②シンプルなデザイン ③点火回数が多い	④高い耐久性 ⑤高い信頼性 ⑥タバコの箱に入る大きさ
	女性	①低価格 ②デザインの良さ （キャラクター入りなど） ③点火回数	④点火のしやすさ （ボタンが軽いなど） ⑤簡単な操作性
タバコ以外での使用者 ・線香、ろうそくへの点火など		①低価格 ②点火回数が多い ③高い耐久性 ④高い信頼性	⑤高い安全性 ⑥簡単な操作性 （炎の調節が不必要など）

↓

意匠コンセプト
①値ごろ感 ②質感 100円ライターとは思わせない質感の実現

↓

コンセプトの具体化	
重点機能・概略方式・概略仕様	○実売価格：100円 ○カタログバリュー：圧倒的な点火回数 ○外形サイズ：H75×W24×D14 ○重量：20g ○点火方式：フリント式 or 電子式 ○色：黒、橙、青、黄緑 ○材質：樹脂、イソブタンガス
品ぞろえ	レギュラーサイズとミニサイズ

→

コンセプトイメージ(外形図)

→

セールスポイント			
経営	販売台数	100万個	日本での販売台数5億個に対してシェア1％を確保する（後発メーカーのため、現在のシェアは0.1％）
	売上高	1億円	販売単価を100円とした場合（開発時の機能追加により上がる場合がある）
	利益	1000万円	原価率90％を目指す（現在は95％のため、5％コストダウン）
営業	100円ライターとは思わせない機能の保有と質感		
顧客	第1種 見て 分かる	①値頃感 ②質感（見ても分かる良い質感） ③コンパクトサイズ ④デザインが良い	
	第2種 使って 分かる	①点火しやすい（簡単な操作） ②炎の調整が不要で常に一定の炎が出る ③着火率が高い（90％以上） ④点火回数が多い（燃費が良い）	
	第3種 使い終わって 分かる	①ガスを全て使いきることができる ②1度の故障も発生しない ③多くの回数点火することができた	

↓

市場導入時期
1年後の発売を目指す

図6-5●商品企画書
（作成：筆者）

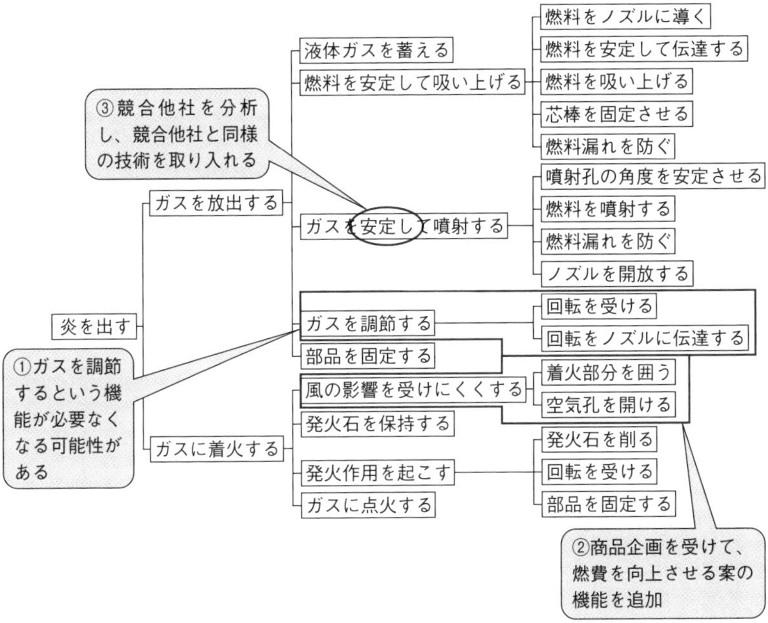

図 6-6 ●機能系統図
（作成：筆者）

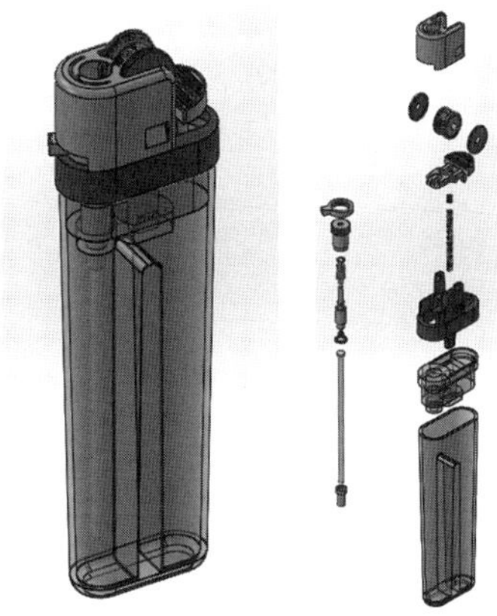

図 6-7 ● 100 円ライターの 3D モデル
（作成：筆者）

(1) ガスを調節するという機能が必要なくなる可能性がある

商品企画書に「炎の調整が不要で常に一定の炎が出る」とあります。実現方法は設計方針や技術の選択で検討するものの、既に競合他社が実現しているため、テアダウンなどを行いながら技術を確立できれば実現が可能だと判断した結果、機能の排除を検討します。

(2) 商品企画を受けて、燃費を向上させる案の機能を追加

商品企画書に「着火率が高い」「点火回数が多い（燃費が良い）」とあります。燃費を良くするための機能：空気孔を開けて酸素を取り入れることができれば、燃費が良くなる方向に進みます。もちろん、品質目標や性能目標をこの段階で実現できるかどうかは分かりませんが、過去の経験やノウハウから実現可能な機能を追加していきます。

(3) 競合他社を分析し、競合他社と同様の技術を取り入れる（図6-8）

商品企画書に「炎の調整が不要で常に一定の炎が出る」とあります。常に一定の炎が出るような技術を確立し、製品化に向けて設計方針を立案していきます（図6-9）。このときに設計方針で技術の確立の目途《めと》が立たない場合、異なる策を検討しなければなりません。そのため、設計方針と機能系統図は行き来しながら検討していくことになります。

現行製品 A&M ライター	1. 製品の主な内容 1）点火回数2000回程度 （レギュラーサイズの場合） 2）男性の手になじむ大きさ （他社に比べて大きい） 3）炎の調節が必要 4）CR未対応 2. 価格：150円 3. サイズ：高さ100×幅30×奥行き20mm 4. 質量：24g 5. 点火方式：電子式

⇔

競合製品 BIC ライター	1. 製品の主な内容 1）点火回数3000回以上 （レギュラーサイズの場合） 2）手になじむ外径 3）炎の大きさが一定 （調節の必要なし） 4）CR対応済み 2. 価格：120円 3. サイズ：高さ80×幅25×奥行き15mm 4. 質量：22g 5. 点火仕様：フリント式&電子式 （両方の仕様がある）

図6-8●競合他社との比較結果
（作成：筆者）

設計方針

1. 点火方式の選択により、高い信頼性・耐久性を実現する
2. 他社に比べ、圧倒的に多い点火回数と安定的な炎を実現する
3. 不要な機能の見直しによってコストダウンを図り、目標原価×90%を目指す
4. CR（Child Resistance）対応とする

技術の選択

1. 点火方式の見直し【既存技術】
   1）フリント式もしくは電子式のメリット・デメリットの検討
   2）企画を満たす方式の採用検討
2. 燃焼方式の新開発【新技術】
   1）常に炎を一定にする機構（メンブレンフィルム）の新開発
   2）1）の実現により、炎調節機構を排除してコストダウンを図る
3. 燃料消費量（点火回数4000回以上）の低減開発【新技術】
   1）機密性向上の開発
   2）確実な着火機構の検討（着火ミスの低減）
4. CR対応【流用技術】
   CR機能追加により、コストアップすることがないように検討

図6-9●設計方針と技術の選択
（作成：筆者）

機能系統図を検討することで、設計方針を頭の中である程度描くことができているため、その内容を設計書として文書化して設計者にしっかりとインプットします。主な重要ポイントには、「圧倒的に多い点火回数と安定的な炎の実現」と「不要な機能の見直し」があります。これら2つの施策が設計方針の大きな柱となります。

加えて、この設計方針を受けて、具体的な設計の進め方を明示していきます。この部分については、開発難易度が最も高い新製品の場合は、設計マネジメントを担う管理者がある程度骨子を整えた上で、設計者にインプットするとよいでしょう。フルモデルチェンジなど開発難易度が中程度である製品設計の場合は、設計者の成長のため、あるいは将来管理者になったときに検討に困らないように、設計者に設計方針を作成させた上で、設計マネジメントを担う管理者が内容を確認するという方法でも問題ないと思います。

6.2.2 DRBFM〔変化・変更点管理を含む〕

設計前にリスク（故障モード）を抽出し、その対応策を設計に反映することで、設計の手戻りを最小限にとどめていきます。設計マネジメントを担う管理者は、設計者が実施したDRBFMの内容を基に、変化・変更点が正しく抽出できているかどうかを設計書で確認し、さらにその変化・変更点における故障モードが抜けや漏れなく抽出できているかどうかを検討しましょう。

設計書を受けて、変化・変更点として「CR（Child Resistance）機能」の追加を挙げます。CRは、子供が簡単に操作できないようにする仕組みのことです。例えば、医療品の瓶の蓋があります。子供が勝手に蓋を開けて中の薬品を飲んだり落としたりしないように、蓋の上部を押しながら回さないと開けることができない仕組みになっています。この100円ライターでは、このCR機能の追加によって実施しなければならないのは「子供が簡単に操作できないようにする」ということです。

CR機能の実現のために、設計者は電子式ライターの燃料噴射ボタンの部分にばねを追加することを考えたと仮定します（図6-10）。他の構造は何も変えずに、ばねだけを追加した場合のDRBFMを考えていきましょう。

ここから、ばねのみが追加された場合の故障モードを検討していきます（図6-11）。まず、変化・変更点として「ばねの追加」があり、このばねが追加された場合の故障モード＝「機能の喪失、商品性の欠如」を検討します。

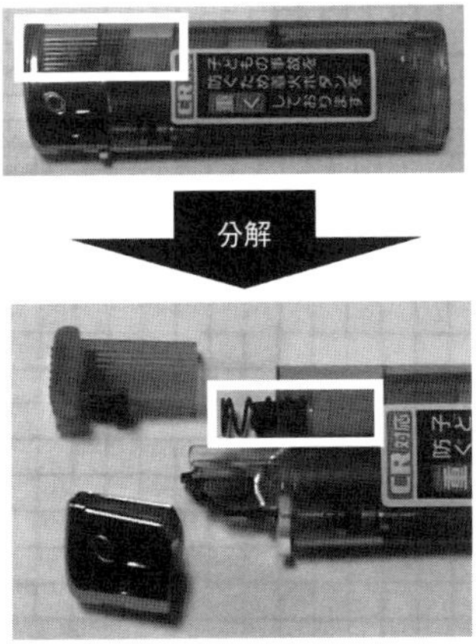

電子式の100円ライター
→□で囲った部分にばねが入っており、CR機能導入前の製品よりも押し下げる力がより必要となる

分解後の電子式100円ライター
→□の部分のばね＝CR機能のための部品

図6-10●100円ライターのCR機能図
（作成：筆者）

DRBFM

製品名		対応機種	

作成日	
作成者	
評価メンバー	

部品名	変化点（変更内容）	機能	変更に関わる心配点 変更がもたらす機能の喪失、商品性の欠如	心配点はどんな場合に生じるか 原因・要因	顧客への影響	心配点を取り除くためにどんな設計をしたか（設計遵守事項、チェックシートなど）	推奨する対応 設計へ反映すべき項目	推奨する対応 評価へ反映すべき項目	推奨する対応 工程へ反映すべき項目
CR（Child Resistance）	CR用にばねの追加	子供が簡単に操作できないようにする機能	CR対応用のスプリングが破損	製造ばらつきによる耐久性不足	従来のライターと同じように子供が操作できる硬さとなる	耐久性の基準を検討し、スプリング強さを選定。ばらつきを考慮し、下限品でも耐久性が確保可能か確認する	耐久性の基準を検討し、スプリングの巻き数を決定する	スプリング強さ下限品にて耐久試験の実施	スプリング強さの基準以下のものを選別し、良品のみラインに供給する
				設計ミス（ばらつき考慮不足）による耐久性不足					
				温度変化（高温or低温）による経年劣化の進行		ばね単体の高温、低温試験により劣化状態確認	なし	高温、低温の温度条件を検討する	なし
			点火スイッチが重くて押せない	ばねの製造ばらつきにより、スプリング強さが高い	ガスの放出と点火ができなくなる	スプリング強さの基準を設定し、基準を超えたものは採用しないよう製造時に検査工程を追加する	スプリング強さの基準を選定し、図面に記載する。また、基準書を記載する	スプリング強さ上下限品にて、操作の品質が確保可能か確認する	スプリング強さの基準以上のものを選別し、良品のみラインに供給する
				スプリング内に異物混入		異物混入しないようカバーを変更する	カバー形状の検討し、干渉チェックを実施	新たなカバー形状での耐久性を確認する	組み付け性の確認

変更履歴	
更新年月日	更新内容

備考欄

図 6-11 ●100 円ライターの DRBFM
（作成：筆者）

故障モードを検討する際には、単に過去からの不具合を抽出すればよいというわけではありません。先ほど解説したように、「機能の喪失、商品性の欠如」となる故障内容を検討する必要があります。

では、100円ライターではどうでしょうか。今回の変化・変更点はCR機能の追加です。従って、CR機能が喪失するような故障モードを抽出します。CR機能の喪失＝ばねの役割が失われるということは、ばね自体の破損などが考えられます。使用中にばねの破損が発生すると、燃料噴射ボタンを押し下げるために要する力が通常と同じ大きさになってしまいます。その結果、子供の力でも操作できるようになり、火事や重大事故につながりかねません。そうした事故の発生を防ぐためにも、目標の耐久性（燃料噴射ボタンを押す回数）を十分に確保したばねの設計が必要となります。

一方で、商品性の欠如はどうでしょうか。これは、100円ライターそのものの役割がなくなってしまうような故障内容です。もちろん、変化・変更点に着眼した故障内容の検討です。例えば、ばねに異物が入ってしまうようなケースが考えられます。異物が入ることにより、ばねが収縮できなくなって、燃料噴射ボタンが途中までしか押せなくなる。すると、燃料噴射も着火も不能になり、ライターとしての商品性が失われてしまいます。

これでは子供のいたずらによる重大事故を回避できるものの、ライターとしての商品性が失われるため、顧客はそのメーカーのライターを購入しなくなり、会社は大きな損失となる恐れがあります。

このように、DRBFMで抽出するのは、機能の喪失や商品性の欠如といった大きな損害や損失につながり得る故障内容なのです。DRBFMではこうした考え方で故障モードを抽出します。つまり、DRBFMを実施する本来の目的は「潜在的な故障モード」をきちんと抽出することなのです。しかし、これができていない企業が多いというのが現実です。

DRBFMが目指すのは、問題(トラブル)の未然防止です。問題の未然防止のために、設計の中に潜在的に眠っている問題(潜在的な故障モード)を抽出することが、DRBFMを実施する意味なのです。実際、自動車産業品質マネジメントシステム規格であるIATF規格では、潜在的故障モードを抽出することを明確に求めています。

では、DRBFM(あるいはFMEA)の「故障モード」にどのような内容を記載するのでしょうか。次のような内容を故障モードに記載していませんか。

「制御が止まる」

「クルマが止まる」

「可動部分が動かない」

「部品が故障している」

「火災が発生している」

これらは「故障の状態」を言葉で表しただけにすぎません。故障モードとは「故障がどのような状態で発生するか」という意味です。従って、故障がどのような「機能の欠損」や「商品性の欠如」によって発生するのかをきちんと見極めなければなりません。故障は英語で「Loss of function」であり、故障モードは同じく「Manner in which an item fail」です。つまり、「アイテムの故障の起こり方」であり、起こった故障の状態ではないのです。

故障モードに故障の状態を記載してしまうと原因の抽出が曖昧となり、その結果、対策も不十分な内容になってしまいます。それではせっかく時間をかけてDRBFMを実施する意味がありません。そうではなく、故障の状態から眠っている潜在的なモードを抽出することが重要なのです。

自動車の事例では、次のようなものが「故障モード」です。

故障：クルマが止まる
故障モード：タイヤがパンクする（走るという機能が故障している状態）

先述の通り、機能の欠損や商品性の欠如につながる故障モードを抽出する必要があるのです。

ここで、「機能」に対しての考え方も説明しましょう。機能とは「ある物事（システム）に備わっている働き」のことです。つまり、製品が果たす役割のことです。自動車であれば「走る」「曲がる」「止まる」が基本機能として設定されています。また、スマートフォンのカメラであれば「撮影ができる」「写真が撮れる」などになります。その製品に求められる役割や働きを示すものです。

機能に近い言葉に「性能」があります。性能は「機械や道具の性質や能力、あるいは機械などが仕事をなし得る能力」のことです。自動車であれば「燃費→40.8km/L」などで、スマートフォンのカメラであれば「画質→300万画素」です。性能は機能の下位の概念で、数値や指標に変換して、その能力を定量的に表現したものとなります。

故障モードとしてまず抽出しなければならないのは、「性能が著しく低下し、顧客に安全を確保できない状態」です。性能が著しく低下した機能欠損の内容を故障モードに抽出するのです。しかし、残念ながら、最初に性能低下を抽出している場合を多く見掛けます。もちろん、性能低下の内容も抽出しなければなりませんが、最初に検討すべき内容ではありません。

もう1つ、Oリングの事例で説明しましょう。間違っている故障モードの例は「耐酸性に弱い」と書くことです。耐酸性に弱いというのは、性能低下を示す表現（性能が基準を満たしていない＝不適合品）であり、機能の欠損とは異なる表現だからです。

これに対し、正しい故障モードの例は「シール面が溶ける（酸性の液体によるもの）」となります。シール面が溶けた結果、密閉状態をつくれずに顧客に大きな負の影響を与える場合があります。これは機能の欠損を示す表現になっています。

耐酸性が弱いという部分に着目することは悪くありません。しかし、この表現のままでは耐酸性を上げる対策につながってしまいます。それでは、密閉という機能を求めるOリングの対策としては不十分です。Oリングの「密閉」という機能を考えた場合に、どのような対策をとる必要があるかを考えなければなりません。

どこまでいっても酸性の液体に対して100％の耐性を持つ材料を造ることは困難です。それを踏まえると、密閉という機能を満たした状態で、酸性の液体が混在したとしても問題がない構造（Oリング自体の採用を見直すことも含めて）を考えなければなりません。

このように、機能の欠損というポイントに着目することで幅広く対策の内容を検討できるようになります。

6.2.3　DR

DRは、設計者が資料を作成し、DR本番も設計者が中心となって議論を進めていきます。設計マネジメントを担う管理者は設計者が進めやすいように黒子の存在に徹してください。

特に「レビュワー（参加者）側に回る」ことは決してしてはいけません。設計者が1人で、それ以外は全員「敵」という状態をつくり上げてしまうと、設計者は問題点を隠すようになり、議論の中心が参加者の中で声の大きい人の意見になりがちだからです。

さらに、設計者による単なる説明会や、設計者をつるし上げる会にならないように注意してください。設計者が参加しやすく、報告しやすい状況をつくる必要があります。また、設計者による報告では、報告内容に設計ストーリーがある資料作成を心掛けてください。すると、問題点を抽出しやすくなり、改善の内容も参加者全員で検討できるようになります。

では、設計マネジメントを担う管理者が実施しなければならない黒子の役割とは、具体的に何でしょうか。DRの実施フローに沿って確認していきましょう（図6-12）。DRの実施フローは、(1) DR準備段階、(2) DRアドバイス段階、(3) DR実施段階の3つに分かれます。このうち、ここでは (1) と (2) について取り上げます。

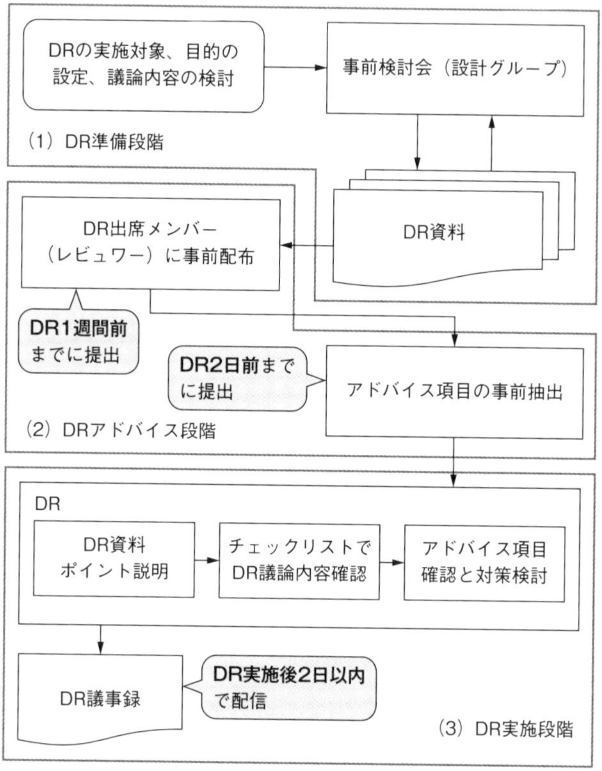

図 6-12●DR の実施フロー
（作成：筆者）

（1）DR準備段階

設計マネジメントを担う管理者は、この段階で設計者をサポートしなければなりません。開催する DR について事前検討会を実施した上で、DR の報告内容に設計ストーリーがあること、また変化・変更点が抜けや漏れなく抽出できていることを確認しなければなりません。設計マネジメントを担う管理者は、設計者が作成した DR 資料の全てについて、これらの内容を確認します。

(2) DRアドバイス段階

DR資料を事前に参加者に配布した後、DR本番までに質問事項やアドバイス事項が返答されます。設計マネジメントを担う管理者は、それらの内容を設計者と一緒に確認しながら、質問事項に対する回答やアドバイス事項（問題点の内容）を確認し、対応策を事前に練っておきます。

ここが最も重要なポイントで、質問に対する回答になっていないとDRがうまく進みません。そうした事態になることを避けるために、質問事項やアドバイス項目の内容を設計マネジメントを担う管理者は設計者と一緒に確認する必要があるのです。

100円ライターで考えていきましょう。例えば、CR機能実現のためにばねを追加し、DR資料をDRBFMと共に提出したとします。あるレビュワーがDRBFMの故障モードを見て、次のようなアドバイス項目を挙げ、これに対して設計者が次のように回答したとします。

レビュワー（アドバイス項目）：機能の喪失を考えた場合にばねの破損だけではなく、ばねの劣化（耐久性不足）により、ばねが柔らかくなる場合も想定できるのではないか？

間違った回答

設計者：過去の実績では、ばねの劣化はありませんでした。実績から問題ないと判断しました。

これではレビュワーは納得しないでしょう。CR 機能の追加のためにばねを過去に使用したことがあれば別ですが、今回初めて CR 機能用のばねを追加したので過去の実績は当てはまらないからです。

正しい回答

設計者：目標の点火回数である 4000 回×4 倍（着火ミスの低減により、3 回中 1 回は確実に着火可能）で耐久性を確保しているため、問題はありません。点火回数よりもはるかに多い回数を保証していることに加えて、燃料噴射ボタンの中にばねがあることにより、(太陽光などによる) 経年劣化の心配もありません。従って、このばねの仕様で問題ないと考えています。

このように、設計者は技術的かつ論理的に問題がないこと示す回答をしなければなりません。こうした訓練も含めて、設計マネジメントを担う管理者が DR 前に内容を確認しながら設計者を教育するとよいでしょう。

設計者の中には理論がきちんと分かっていても、他人に説明するのが苦手という人が少なくありません。しかし、単に苦手というだけであり、説明できないわけではありません。説明できるようになるためには、実践の中で正しい回答ができる訓練が必要です。設計マネジメントを担う管理者はそのための教育を施すべきです。これが正しい OJT といえます（第 7 章を参照)。

6.2.4　検図

問題の未然防止を行う設計品質ツールの最後の砦が、検図です。設計マネジメントを担う管理者の多くは、検図（ソフトウエアの場合はソースコードのレビュー）を実施しているでしょう。企業によっては、検図者と管理者が分かれており、それぞれで検図を行う体制をとっている場合もあります。

検図では、品質問題や製造問題につながるような点を確認することはもちろん、間違っているポイントをなぜ間違っているのかを含めて、設計マネジメントを担う管理者が設計者に教えなければなりません。間違っている部分を指摘するだけであれば、経験さえあれば誰でもできます。しかし、間違っている内容を指摘するとともに、なぜ間違っているのか、本来どのような図面を描くべきなのかを教える必要があるのです。

100円ライターで考えていきましょう。例えば、今回着火ミスの低減として、燃料噴射装置の周辺における酸素量向上の策を検討したとします。酸素量向上のためにカバーに穴を開ける策を設計者が考え、変化・変更点管理にピックアップしました。しかし、評価時点でCR機能の問題が発覚し、その対応に追われていた結果、酸素量向上の策を設計者がすっかりと忘れていました。その結果、過去と同じ形状のカバー図面を提出してきました（図6-13）。

この図面で間違っているポイントは3点あります。

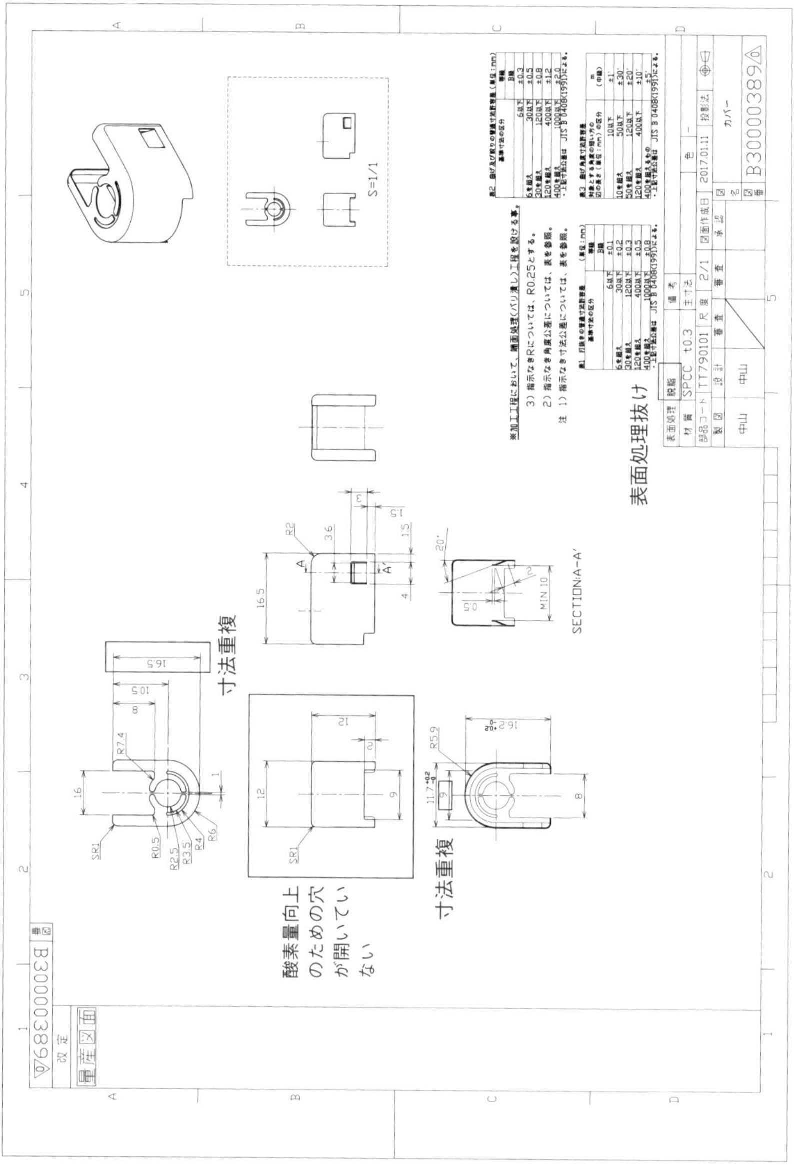

図6-13●間違っているカバー部品図
(作成：筆者)

(1) 酸素量増加のためのカバー穴の抜け

(2) 表面処理指示の抜け

(3) 寸法重複

これらの内容が間違っていると設計者に指摘するだけでは成長がありません。そこで、なぜ抜けたのか、設計者の思考を紐解《ひもと》いて指摘する必要があります。

(1) 酸素量増加のためのカバー穴の抜け

先述の通り、評価の問題点に気を取られて、重要な機能の増加ができていません。図面を作成するプロセス自体が間違っている可能性が高いといえます。頭の中で変化・変更点を想像しながら図面作成を行った結果、今回のような抜けが発生してしまいました。本来は、設計書から抽出した変化・変更点管理シートを確認しながら図面作成を進めていかなければなりません(図6-14)。100円ライターの変化・変更点管理を確認していきましょう。

		変化・変更点内容
A	設計の変化・変更点視点	①燃費を向上させるための開口面積拡大 ②燃料を一定に噴射する機構の採用 ③燃料調整機構の削除 ④めっき仕上げに変更(外観デザインの向上)
B	使用環境、条件の変化・変更点視点	① CR機能対応のためにばねの追加
C	材料の変化・変更点視点	特に変更なし
D	製造工程の変化・変更点視点	①金属カバー製造工程の変更 ②組み立て工程の変更

図6-14●変化・変更点管理シート
(作成:筆者)

それぞれの視点で捉えた変化・変更点が全て図面に織り込まれているかどうかを確実に確認しなければならないのです。図面作成の途中もそうですが、最も問題があるプロセスとしては自己検図が挙げられます。自己検図の際に変化・変更点管理シートを見ながら、全ての図面を確認することを指導しなければなりません。

(2) 表面処理指示の抜け

なぜ表面処理指示が抜けたのかを、設計マネジメントを担う管理者が設計者と一緒に考えることが重要です。この場合は単なるポカミスとして「修正しなさい」で終わることが多いと思います。しかし、次回からどのようにこのポカミスを防止するのでしょうか。「気を付けなさい」では、同じポカミスが発生するかもしれません。

今回は表面処理指示が確かに抜けていますが、実は流用元の図面のままであるケースが多いのです。何を変更しなければならないのかは、変化・変更点管理シートに記載してあります。そのため、(1) と同様に変化・変更点管理シートを見ながら、図面作成もしくは自己検図を行わなければなりません。

(3) 寸法重複

この寸法重複は、主に製図方法の問題として片付けられることが多いのですが、実は製図方法よりももっと根深い問題になっているケースがあります。寸法重複がある場合は、「基準点」を考えることができていないことが多いのです。

基準点は、加工や組み立てを行う際のスタート地点を指します。そのスタート地点を意識していない、もしくは加工や組み立てのことを考えずに図面を描いているということなのです。

このケースでは、どのように加工するか、どのように組み立てるかを設計マネジメントを担う管理者が設計者に教える必要があります。そうすれば次から寸法重複はなくなっていくでしょう。

設計マネジメントを担う管理者が検図において設計者に適切に指導し続ければ、図6-15に示すような正しい図面（カバー部品図）を描ける設計者に成長していきます。

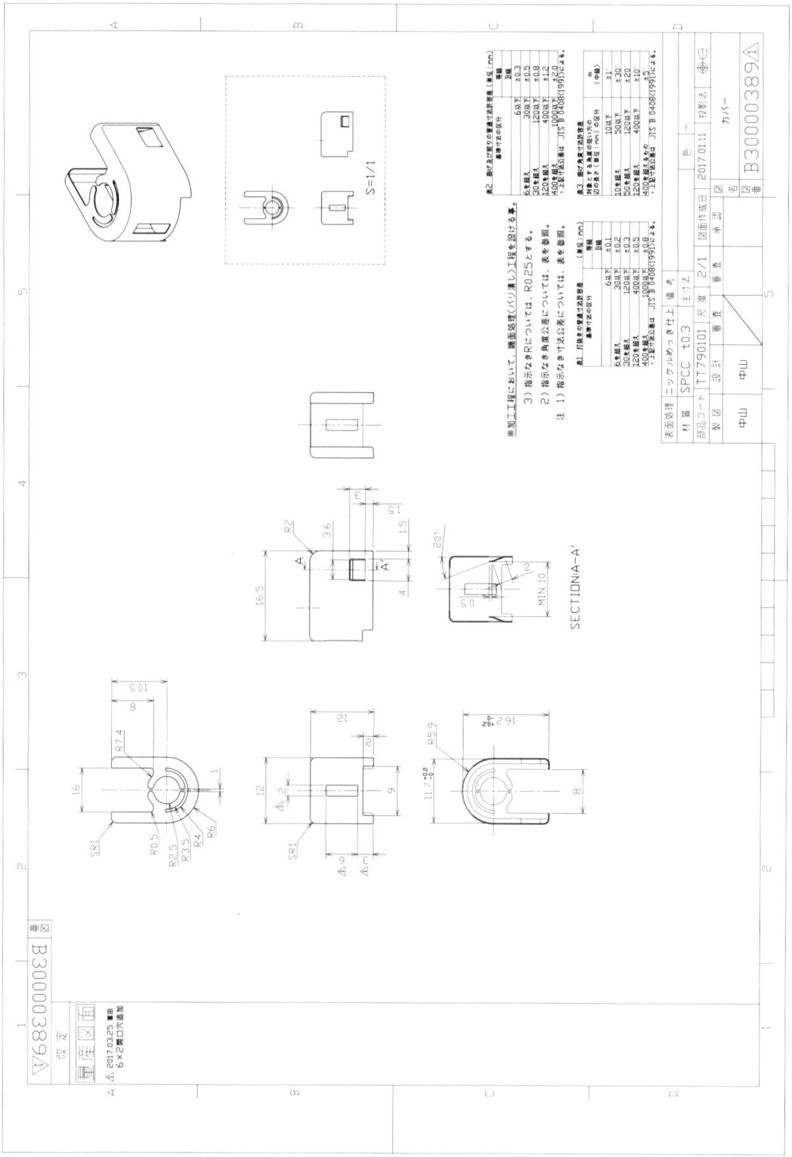

図6-15●正しいカバー部品図
（作成：筆者）

第7章

設計者の教育体系

第7章 設計者の教育体系

7.1 現在のOJTの方法と仕組み

企業には設計者のスキルマップが必要です。しかし、製造部門とは異なり、設計部門には必要なスキルが明確になっておらず、設計者のスキルマップが存在しない企業が少なくありません。これまではOJT（オン・ザ・ジョブトレーニング）中心の教育だったために、設計部門にはスキルマップが必要なかったといえるかもしれません。しかし、この状態をこのまま「よし」としていては、いつまでたっても企業の設計能力を底上げすることはできません。

OJTは、業務の実践を通じて指導することによって知識や技術を習得する方法です。多くの企業がこのOJTによる教育のみに頼っているという現実があります。

確かにOJTは有効な教育方法の1つですが、それだけに頼るのは問題です。習得できる知識や技術に偏りが生じる可能性があるからです。教育を受ける側の設計者が習得できる知識や技術が、OJT担当者（指導者）の設計スキルや実際に取り組む開発設計案件に依存してしまうのです。そのため、OJTだけでは設計者全員に同じ教育を施すことはできず、ばらつきが生じてしまいます。

こうした教育を続けても、設計部門全体のスキル向上（能力の底上げ）にはつながりません。これではいつまでたっても課長や部長などの管理者が図面の作成から離れられない状況が続きます。

筆者がクライアント先で設計者を対象とした教育の体系化の議論をすると、次のような意見がよく上がります。

・設計部門は他の部門とは異なり、実践を通じて知識を習得する他に方法がない
・知識は教えられるものではなく、先輩や上司の仕事の仕方を見て盗むものだ
・研修のような教育を施しても実践では使えない
・新人の間に教育してもすぐに忘れる

こうした考えを持つ設計者がOJT担当になると「OJTという名の無教育」になってしまいます。確かに、これらの意見にも理解できる部分はあります。しかし、ベテラン設計者が教育を受けた時代と現在とでは、設計者の置かれた環境が異なります。今の若い設計者は、決められた労働時間の中で効率的に設計し、高い品質の製品を創り出さなければなりません。そのためには、OJTだけに頼らない教育による能力の底上げが必要です。これは現在の企業における大きな課題といえます。

7.2　本来のOFF-JTとOJTの活用方法とは

では、どのような教育を実施すべきでしょうか。設計者にとって有効な3つの教育方法があります。[1] スキル項目とスキルマップ、[2] OFF-JT、[3] OJTです（図7-1）。これらを説明していきましょう。

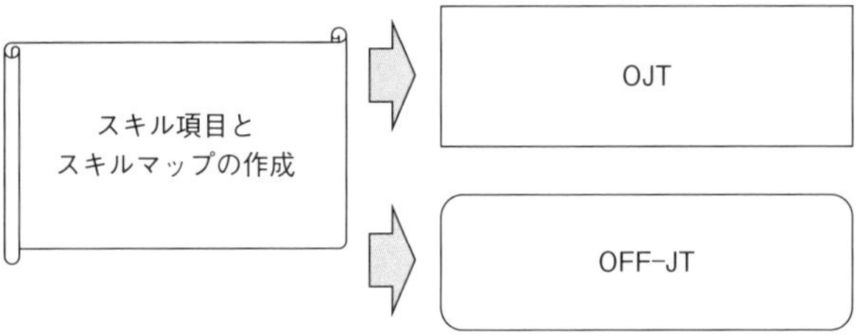

図 7-1 ●設計者に有効な３つの教育方法
（作成：筆者）

7.2.1　スキル項目とスキルマップ

スキル項目とスキルマップでは、まず、各企業の製品を設計するために必要なスキルの項目を列挙します。列挙の方法については、具体的なスキル項目を検討する前に、区分や要素を抽出してください。例えば、「図面要素」「設計要素」「品質要素」「コスト要素」「マネジメント要素」などです。各要素の内容に従い、スキル項目を検討していきます。各要素の具体例を見ていきましょう。

(1) 図面要素：寸法公差の設定能力、幾何公差の設定能力など

(2) 設計要素：構造計算の能力、駆動力の計算能力など

(3) 品質要素：信頼性設計の能力、品質管理システム（QMS）など

(4) コスト要素：VE（価値工学）・VA（価値分析）手法、原価計算の能力など

(5) マネジメント要素：設計戦略の立案能力、リスクアセスメントの立案能力など

こうしたスキル項目を抽出し、各役職における必須スキルの内容を設定していきます。

各スキル項目には、OFF-JT（オフ・ザ・ジョブトレーニング：普段の業務を通じて社員を教育するOJTに対し、現場から離れて別途時間や場所を設けて実施する教育）の欄と、OJTの欄の2つが必要になります。理由は、OFF-JTで習得しても実践で活用できなければ意味がないからです。そのため、OFF-JTで得た知識を実践で活用することで、深く学習したかどうかをOJT側で判定していきます。そのためにOFF-JTとOJTの2つの欄が必要となるのです。

基本的にはOFF-JTの後にOJTを実施するのがよいと思いますが、知識を体系的に理解するという意味では、OJTの後にOFF-JTを実施することにも一定の効果が見込めます。

スキルマップとは、名役職の設計者が身に付けるべき能力を示したものです。スキルマップを作成する具体的な方法は後述します（7.3を参照）。

7.2.2　OFF-JT

OFF-JTでは、スキル項目を習得するための教育計画を立案します。習得には、研修ベースで学習する方法と、書籍などによって自己学習する方法があります。しかし、自己学習では実際の業務との結びつきが分かりにくく、実践で活用できない可能性も高いという問題があります。従って、基本的にはOFF-JTとして社内もしくは社外で研修するのがよいでしょう。さらに言えば、社外の研修を受けた受講者が講師となり、実業務を絡めた社内研修を実施すると一層効果が高まります。研修内容を社内に展開することもできます。

こうして各設計者の教育計画を立案し、社内もしくは社外での教育を実施していきます。ただし、受講して終了ではなく、受講の結果をどのように実務に活用するかを考えさせ、その内容を報告させる必要があります。そのため、報告書には実務への活用方法の欄を必ず作成します。

7.2.3 OJT

OJT については、先ほど OJT だけで教育することに対してネガティブな意見を述べましたが、計画的に使用すれば、OJT による知識の習得効果は非常に高いといえます。闇雲に教えても効果はなく、教えられる側にとっても不幸です。そうした状況にならないように、OJT を計画的に実施しなければなりません。

そのためには、OJT に関する教育計画表（以下、OJT 計画表）を立案する必要があります。OJT 計画表とは、「どのような開発設計案件で、どのような知識を実践で学習し、その結果として案件を問題なく遂行させるか」についての計画を表にまとめたものです。

ここで、スキル項目の図面要素や設計要素、品質要素、コスト要素、マネジメント要素について、OJT で教育すべき内容を抽出します。抽出内容は設計者の現時点におけるスキルの習得状況によって変わってくるため、実践で活用できていないスキル項目から OJT を実施してください。

OJT 担当者は、実践によって OFF-JT で学習した知識を活用できているか否かを判定し、活用できていれば、スキルマップに「○」を記載していきます。

このように、設計スキルを向上させるためには、OFF-JTとOJTをうまく組み合わせながら教育を実施していかなければなりません。どちらか一方では知識が正しく身に付かない。それが設計という業務だと考えてください。

設計という業務は教育するものではなく、親方（先輩）の仕事を見て覚える「職人」のようなものだと捉えている人が多いのですが、決してそうではありません。「職人気質」になってしまっているのは、設計者に必要な能力を明確にしていないからです。それを明確にすることができれば、教育を施すことが可能になります。職人の世界であっても明文化できない仕事はありません。

もちろん、アイデアの創造や世の中にない製品の創出には、どのスキル項目にも当てはまらない能力が必要になることもあります。しかし、そうした能力が全ての設計者に求められるわけではありません。設計者教育の目的は、あくまでも設計という組織の能力の底上げであり、レベルの高い設計者を数多く輩出することなのです。

7.3　スキルマップ

スキルマップを作成する際に初めに検討しなければならないのは、スキル体系とスキル項目です。スキル体系は、技術部門の各役職に求められる役割と責任をまとめたものです。そのスキル体系からスキル項目を検討します。

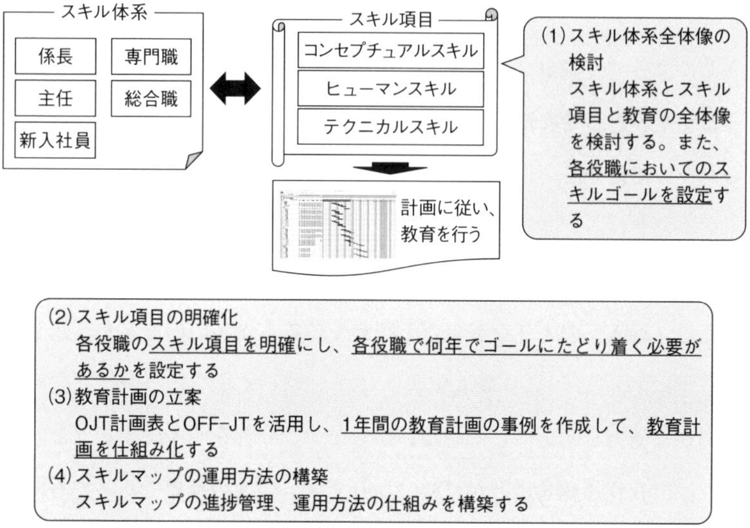

図 7-2●スキルマップ作成の流れ
（作成：筆者）

スキルマップの作成の流れは、(1) スキル体系全体像の検討、(2) スキル項目の明確化、(3) 教育計画の立案、(4) スキルマップの運用方法の構築です（図 7-2）。こうしてスキルマップを完成させます。

7.3.1 スキル体系全体像の検討とスキル項目の明確化

スキルマップの作成では、まず (1) のスキル体系全体像の検討と (2) のスキル項目の明確化について検討していきます。スキル体系は、先述の通り、設計部門の各役職や人材群における役割と責任をまとめたものです。この内容を確認しながら、スキル項目を検討していきます。

スキルの大枠として設定しなければならないのは、[A] コンセプチュアルスキル、[B] ヒューマンスキル、[C] テクニカルスキルの 3 点です。それぞれの内容を確認していきましょう。

7.3.1.1　コンセプチュアルスキル

［A］のコンセプチュアルスキルは、さまざまな情報を収集して整理していきながら概念化する能力です。多くの情報をまとめながら情報の本質を見極めた上で概念として表し、他の人に分かりやすく説明することが求められます。そのために次のような能力が必要になります。

・あるべき姿を捉えることができる能力
・問題を速やかに発見する能力
・問題の真の要因（真因）を見つけて解決する能力
・多くの情報を整理して戦略を構築することができる能力、など

設計者にはこのコンセプチュアルスキルが必要です。その理由は、市場や顧客から要求されている内容が「困り事」だからです。困り事における問題点は表面上のことしか抽出できない場合が多いのです。すなわち、顕在ニーズです。

しかし、顕在ニーズで設計すると顧客の真のニーズに応えられません。例えば受注生産を行う企業であれば、顧客から「それはそういうことではない」「この機能を追加してくれないと」といった追加要望が多く発生することでしょう。

顧客が設計を依頼する段階では、顧客自身も本当の困り事、すなわち潜在ニーズにまだ気づいていないことが多いのです。顧客すら気づいて

いない潜在ニーズを引き出すことができるかどうかは、設計者のコンセプチュアルスキルの高さにかかっています。

ただし、コンセプチュアルスキルはすぐに身に付く能力ではありません。日々の訓練が必要です。

ではここで、簡単にコンセプチュアルスキルを体感してみましょう。コンセプチュアルスキルの1つである「論理思考」の訓練を行います。論理思考は大手のコンサルティング企業でも必要とされる能力ですが、筆者は設計者にこそ必要な能力だと考えています。

論理思考は、「目的と手段」で考えていきます（図7-3）。目的と手段とは、目的を実行するための手段が下位に存在し、また、その手段を目的に変えて、さらに下位の手段を検討していく考え方です。

この考え方を基に、ホワイトボードの「白板消し」の目的を考えてみましょう（図7-4）。

どのような目的が浮かびましたか。「字を消すこと」と思い浮かんだのではないでしょうか。間違いではありませんが、論理思考で考えると、これは「手段」です。

目的は、ものやサービスがなくなったらどう困るかを想像すれば、その困り事を解消することが目的になります。白板消しの場合、白板消し

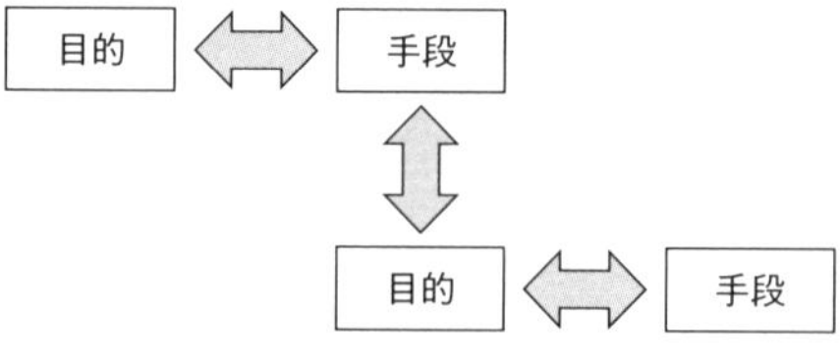

図7-3●目的と手段の連鎖のイメージ図
（作成：筆者）

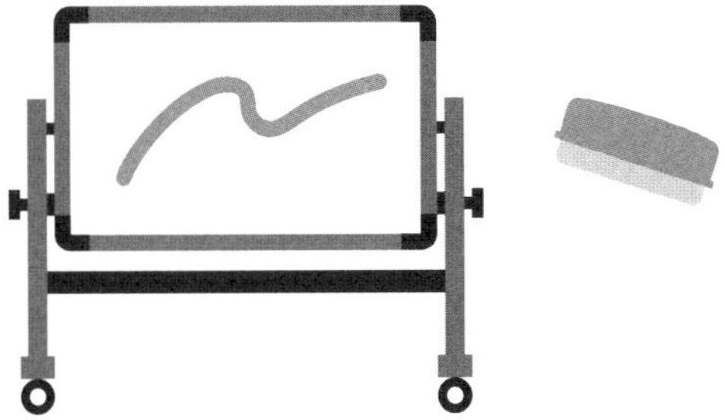

図 7-4 ●白板消しの目的
（作成：筆者）

がなくなったらどう困るでしょうか。白板消しを使用するタイミング＝ホワイトボードが字やイラストで埋まってしまった場合（間違った内容を消す場合もありますが、それは隅に置いておいてください）、ホワイトボードが埋まっているにもかかわらず、白板消しがなかったらどう困るかを想像してみてください。

「次に字を書くことができなくなる」（困り事）

→「次に字を書くため（再記載を可能とする）」（目的）

困り事を反転させた内容が目的となるのです。つまり、困らないように行動を移すことが本来の目的となります。

また、先に「字を消す」ことは手段だと解説しました。ものやサービスを見てそのまま捉えた内容は「手段」となることが多いのです。人間は目に映る情報をそのまま捉えて表現しがちです。ところが、その内容はものやサービスの本質ではなく、表面上の内容や情報を捉えていることが多いのです。ものの本質を見極めるためにもこの論理思考を身に付けてください。

7.3.1.2 ヒューマンスキル

［B］のヒューマンスキルは、そのまま日本語にすると人間力となりますが、正しくは対人関係能力のことです。このヒューマンスキルは設計者以外にも必要ですが、特に設計マネジメントを担う管理者には必須の能力といえます。次のような能力が必要になります。

・設計者の個々のベクトルを合わせていくリーダーシップ能力
・相手と自分の要望のギャップを互いが納得できるレベルまで円滑に整合を図る交渉力
・スケジュールや対人対応などのものごとをバランスよく保つ調整力、など

設計マネジメントを担う管理者は多くの設計者を束ねなければならない上に、他部門との間でさまざまな情報のやり取りや調整をしなければなりません。第2章の設計の基本原理でも解説した通り、製造業で最も情報が集約される部門は「設計部門」だからです。設計マネジメントを担う管理者は、それぞれの部門との間で情報のやり取りや調整をしながら、コンセプチュアルスキルを活用して情報や調整の内容を概念化した上で、設計者にインプットしていく必要があります。ところが、コンセプチュアルスキルが高くてもヒューマンスキルがなければ、誰も設計部門に情報を提供してくれません。情報が少ないまま設計を進めると、多くの手戻りにつながる可能性が高まります。

コンセプチュアルスキルと同様に、ヒューマンスキルもすぐに身に付

けることは非常に難しいものです。従って、前記の能力を意識しながら日々行動することで身に付けていく必要があります。

7.3.1.3 テクニカルスキル

［C］のテクニカルスキルは、設計のスキルそのものです。ただし、設計のスキルといっても幅広く曖昧であるため、視点を絞り込む必要があります。

第1の視点は、機能設計の視点です。ここで機能設計の定義を復習しましょう（詳細は第2章を参照）。

機能設計の定義

顧客や市場が要求する内容を機能に置き換え、実現すべき方式を検討して、仕様に落とし込む（定性化・定量化する）設計方法。また、検討した方式によって目指すべき目標品質を立案し、達成可能な具体的設計方法を検討する設計方法でもある。

設計に求められるスキルは機能を実現する方式を検討できること、および、その方式の具体的な構造の検討ができることです。機能設計を実現しようとすると、構造を検討した後に構造計算を行う能力が必要である上に、安全率の計算もできなければなりません。設計する前にリスク（故障モード）を設定できる能力も必要です。このように、市場や顧客から要求されているニーズを形にできる能力（もちろん形にするだけではなく、安全・安心を確保することが前提）を身に付けなければならないのです。

しかし、この機能設計だけでは製品を生産することはできません。そこで、第2の視点として、生産設計の視点が必要となります。設計者が考えた設計内容で生産できるかどうかを検証しなければならないのです。ここで、生産設計の定義をおさらいしておきましょう。

生産設計の定義

設計部門が検討した方式や仕様に対し、生産上の制約条件を製造部門や資材・調達部門に要求。その制約条件について検討してスムーズな生産を可能にする設計方法。

要は、生産設計は最低のコストで生産できる設計内容にしていくことです。設計者は加工や組み立てについて考慮しながら設計を進めていかなければなりません。そのためには、生産に関して設計者が押さえておかなければならない最低限の知識があります。

例えば、金属加工であればプレスや鋳造、切削などさまざまな加工方法があります。また、溶接にしても溶接が可能な条件を知っておかなければなりません。材料の知識も求められます。新材料が続々と生み出されているため、その新材料に対して従来の加工方法が使えるかどうかなどについて、アンテナを高くして情報を収集する必要があります。

機能設計の視点と生産設計の視点のテクニカルスキルをまとめると次のようになります。

機能設計視点のテクニカルスキル

・まだ形として存在しないものを想像して体系的に考えてまとめる構想力
・目標品質を設定してそれを造り込む品質の企画力
・頭の中のアイデアを具体化して図形として表現できる図解力
・4力学（材料力学、流体力学、熱力学、機械力学）、など

生産設計視点のテクニカルスキル

・技術そのものの優劣や完成度を示す重要なファクターであるコスト力
・さまざまな加工・組み立て方法の知識
・加工・組み立てを考えた部品や材料の選定力

このようにテクニカルスキルをそれぞれの視点で設定することにより、どのタイミングでどのように教育していくかが明確になります。

それでは具体的なスキル体系とスキル項目を確認していきましょう。

7.3.2　スキル体系

スキル体系では、各役職の役割と責任、さらに管理・監督職の要件を明確にします（表7-1）。このスキル体系については、会社全体で設定されているものがあると思います（職務分掌で明確になっているはずです）。ただし、設計部門に落とし込んだときに、どのような役割と責任になるのかを明確にする必要があります。会社全体の職務分掌では曖昧

表 7-1 ●スキル体系（各役職の役割と責任、管理・監督職要件）
○：任意で設定（作成：筆者）

	役職	各役職の役割と責任	管理監督者要件
管理職層	部長	部門で担当する製品の最高の専門知識を保有し、経営戦略から設計戦略を立案することができ、製品戦略（製品ラインアップなど）を構築し、将来の技術革新の種を育てることができる。 また、設計業務全般の仕組み改革を行うことができる。	①経営戦略から設計部門の戦略を立案し、部門全体の適切な目標値を設定することができている ②製品ロードマップ、技術ロードマップを立案し、適切なタイミングで製品開発をすることができている ③設計者が設計に注力できる組織環境を構築するために経営者に提案することができている ④長期的な視点により、設計マネジメント者に教育（教育計画の立案も含む）をすることができている ⑤中長期的な投資計画を立案し、生産性を向上することができている
	課長	グループで担当する製品の設計方針を立案し、メンバーに設計をインプットすることができる。他部門との調整により、顧客の満足する製品になるよう設計内容をコントロールすることができる。 また、改善活動の全体をマネジメントし、生産性向上に大きく寄与することができる。	①設計戦略を元に全ての製品の設計戦略を立案し、メンバーにインプットすることができている ②他部門との調整役に徹し、メンバーに設計に注力できる組織環境を作ることができている ③長期的な視点により、設計者に教育（教育計画の立案も含む）をすることができている ④会社の利益に繋がる投資を惜しまず実行することができている ⑤メンバーに常に改善意識を持たせて、全体をマネジメントすることができている
監督職層	係長	担当する製品の設計業務に対して、必要な知識を保有し、その知識を元に難易度○（高難易度）の設計をチームで遂行することができる。 また、改善活動（仕組み構築）を自ら進んで実施することができる。	①設計部門方針を理解し、高＆中難易度製品に対する目標設定をすることができる ②自ら設計するだけではなく、メンバーに設計をさせ、高い質のアウトプットを出している ③原価計算をし、VE／VA 活動をすることができている ④改善活動を他部門も巻き込んで実施し、高い生産性向上が実現できている
	主任	担当する製品の設計業務に対して、必要な知識を保有し、その知識を元に難易度○（中難易度）の設計をチームで遂行することができる。	①設計部門方針を理解し、リーダーシップを図りながら、メンバーとチームで設計を遂行している ②自らの設計知識をメンバーと共有し、教育を行っている ③他部門のメンバーとの連携を図り、会社全体の利益に繋がる意識決定をしている
一般職層	3年目	決められた範囲内で設計業務（設計検討）を行い、自ら図面を作成することができる。また、新人の図面を検図することができる。	
	2年目	上司の指示通りに図面作成（組立図・部品図）を行うことができる。また、決められた定型業務（出図作業など）を自ら処理することができる。	
	新人	上司の指示通りに図面作成（部品図を中心に）を行うことができる。また、決められた定型業務（出図作業など）を指示のもと処理することができる。	

な表記になっており、一足飛びに設計部門のスキル項目の設定をすることが難しいためです。的確なスキル項目を設定するためにも、職務分掌から設計部門における各役職の役割と責任を明確にし、スキル項目に落とし込んでいきます。

7.3.2.1 一般職層

新入社員から主任など、監督職層に上がる前の役割と責任を明確にします。一般には3〜5年で監督職に昇格するので、その想定でスキル体系を作成します。

入社1年目に求められる役割は、上司の指示通りに図面を作成することができ、上司のサポート業務を確実に実行できることです。指示通りの図面を作成するといっても、どのような部品図になるのかのイメージを上司から聞いた上で図面を作成するのは設計者です。そのため、図面作成に関するスキルが必要となります。

また、図面作成においては力学などの知識も必要でしょう。スキル項目にはこうした内容が必要です。さらに、2年目や3年目を見据えた上で加工や組み立ての知識も必要になってきます。「机上の空論」のような図面にならないように、現場での見学や実践も必要です。

2年目は、1年目で部品図の作成スキルが向上することを前提とすると、組立図を作成する能力が必要になります。組立図といっても、製品全体の組立図ではなく、各ユニットなどの組立図を作成できるようになることを目指します。組立図を作成すると、各部品がどのようなレイアウトで、それぞれの機能がどのように実現するのかを理解できるようになり、設計での視野が大きく広がります。2年目でこの経験を積むことにより、設計者としての能力が飛躍的に向上します。

3年目には、図面作成のスキルよりも上に位置する設計業務（設計検討）ができるスキルが求められます。設計者としての視野が広がったことで、それぞれの部品の機能を考えた場合にどのようにレイアウトするか、またその機能をどのように実現するかを検討しなければなりません。この設計ができるようになると、設計者としての第1歩を踏み出したといえます。

1〜2年目までは、設計者というよりも図面作成者としてのスキルを向上させ、設計者になるための基礎知識を得ることを目的として活動してもらいます。その基礎知識が3年目に花開くように設計者を教育していかなければなりません。加えて、3年目に入ると自分自身の設計や図面だけではなく、後輩の面倒も見られるようにしなければなりません。後輩が作成した図面を検図できる能力も、3年目で養う必要があります。

7.3.2.2 監督職層

監督職層は、主任や係長に分かれます（企業によって役職の名前が異なると思いますが、一般職層と管理職層の間の職層と考えてください）。

主任は、一般職層時代に培った能力を存分に発揮し、1人で多くの製品の設計を手掛けられるようになる必要があります。特に難易度が中程度（自動車ではフルモデルチェンジ②やマイナーチェンジ①。第5章を参照）の開発のリーダーとして、設計を進めていかなければなりません。

1人で設計ができることはもちろんですが、チームを組んで多くの後輩を指導しながら設計を進めることができる能力が求められます。他の設計部門との調整も必要になります。

加えて、設計のリーダーを任されているため、コスト意識も高めなければなりません。いくら品質が良くても目標のコストを達成できていなければ、利益を出せずに会社の負担となる製品になってしまいます。そのため、コスト管理を求められる職層です。

係長は、設計の実務者としては最も上位の職層です。従って、主任よりもさらに難易度の高い開発設計に取り組む必要があります。主任と同様にチームで設計を進めていくことを念頭に置いてマネジメントしなければなりません。主任時よりも開発設計の難易度が高いため、多くの設計者と連携を取りながら進めていく必要があります。これを踏まえると、設計マネジメントの第一歩はこの係長で踏み出すことになります。

また、製品の開発設計だけではなく、改善活動も合わせて開発設計を進めなければなりません。改善活動は、現在の仕組みを改善して生産性を高めたり、設計品質を向上させたりするための活動になります。考え方としては、「誰が設計しても高い品質および生産性をアウトプットできる仕組み」です。特定の人だけが実行できる仕組みでは意味がありません。それでは属人化です。設計部門は属人化に陥りやすい職種でもあるため、係長は常に改善活動を実行しながら開発設計を進めていかなければなりません。

7.3.2.3 管理職層

監督署でマネジメントを一定程度学んだら、マネジメントを業務の中心として据える管理職に昇格します。管理職は、課長と部長に区分され、経営と現場の橋渡しをする重要な役割を担う役職です。

課長では、主に難易度が高い製品の設計方針を立案し、設計者にインプットすることが役割になります。課長がいつまでも設計していたり、図面を作成したりしているようではいけません。いかに設計者に設計を任せられるかが重要なマネジメントになります。

加えて、メンバーが設計に集中できる組織環境を構築することも課長の役割になります。例えば、営業部門との打ち合わせや購買部門からの部材使用依頼など、外部とのやり取りの全てを課長が受けた上で、必要な内容のみを設計者にインプットします。というのは、多くの企業で優秀な設計者が最も工数を要している業務が「会議」だからです。もちろん、設計の内容の方向性を決めるような重要な会議もありますが、そのほとんどは他の部門との調整のための会議であるというのが実態です。そうした会議に、実務に力を入れるべき設計者を出席させて設計工数を減らすことがないようにマネジメントしていくのも、課長の重要な役割なのです。

他にも担うべき業務があります。生産性や効率を高めるための投資を検討することです。例えば、IT システムの導入がこれに相当します。設計組織全体を考えて投資計画を検討することも課長に与えられた仕事なのです。

一方で部長や部門長は、設計部門のトップであり、経営陣の一角も担います。会社全体で決定した経営方針や経営戦略を基に、設計部門の方針や戦略を立案する必要があります。その方針や戦略は、製品ロードマップや技術ロードマップを含んだものでなければなりません。

その方針や戦略から開発設計すべき内容を検討し、課長にインプットします。併せて、その開発に必要なリソースも同時に検討しなければなりません。期初にそうした方針や戦略を検討すれば、後は開発設計をマネジメントしながら、設計者が設計しやすい組織環境を構築することに力を注いでいきます。

さらに、部長は設計者の中のトップであり、設計の知識を最も有しているポジションにあるため、教育計画の検討も実施しなければなりません。設計者を教育し、常に組織の設計力底上げを行いながら、高い付加価値を保有する製品開発ができる人材を輩出する責任を担うのです。

以上のように各役職における役割と責任を設定することができれば、その役割と責任を実行するために必要なスキルを検討していきます。

7.3.3 スキル項目

各スキル項目はスキル体系から決めていきますが、設計する製品の内容によってテクニカルスキルのスキル項目は変わります（表7-2）。一方で、コンセプチュアルスキルとヒューマンスキルはどのような製品でもスキル項目は変わりません。

各スキル項目の設定が完了したら、それぞれのスキル項目の内容を記載していきます。そのスキルがどのような意味なのかをすぐに理解できるような内容を記載してください。

次に検討する内容は、各役職で必要なスキルに「○」を付けていきます。部門長や部長になると全てのスキルに「○」が付く状態になりま

表 7-2（その 1）●スキル体系（各役職の役割と責任、管理監督職要件）
（作成：筆者）

スキル視点	スキル要素内容	スキル項目	スキル項目内容
コンセプチュアルスキル	マネジメント要素	論理思考（ロジカルシンキング）	目的思考、原因追及思考などを理解し、全てのものごとを論理的に考えることができる能力
		設計方針決定力	要求仕様の全体を把握しながら、課題を抽出し、優先化、方向付けをする能力
		設計戦略立案・実行力	設計現場の状況を考慮しながら、戦略（生産性向上など）を具体化し、仕組みを実行させる能力（PDCA 実行力）
		コア技術の伝承	コア技術を抽出し、部下に伝承する
		進捗管理	進捗管理ツールを使用し、各設計者の進捗を管理する
		競合他社との差別化方針の立案	競合他社を分析し、差別化の戦略を立案する
		リスクアセスメント	設計前にリスクを抽出し、リスクの回避・保有などを決定する
		問題解決手法	日々発生する問題を解決する方向に導く能力
		マーケティング力	市場やお客様から要求されている内容を事前に予測し、製品に展開させれる能力
ヒューマンスキル	対人関係要素	リーダーシップ力	設計チームの個々のベクトルを合わせながらその目的に向かって導いていく能力
		チームワーク力	チームメンバーが各自の役割を認識した上で目的を達成するために PDCA サイクルを回す力
		調整力	スケジュール、対人対応など、物事をバランスよく保つために必要な力
		プレゼンテーション力	相手に分かりやすく伝え、理解、納得、行動を起こさせる力
		交渉力	相手と自分の要望のギャップをお互いが納得できるレベルまで円滑に整合を図る力
		人材育成力	個性を尊重しながら、創造力、問題解決力、共感力を向上させる力
		設計コミュニケーション	技術的な内容の報連相を実現するためのコミュニケーション能力を取得する
テクニカルスキル	図面要素	投影図	組立図・部品図に必要な投影面を選定でき、投影図として描くことができる
		図面の線種類	JIS に定義されている線種を理解し、使用することができる
		表面粗さ・溶接記号	製品の出来栄え、性能・品質に関する表面粗さ、溶接記号を理解し、使用することができる
		寸法設定	製品の出来栄え、性能・品質に関する寸法を設定することができる
		寸法補助記号	図面使用者に分かりやすい寸法表示をするために適切な補助記号を使用することができる
		電気シンボル記号	回路図に使用されるシンボル記号を理解し、適切に活用することができる
		アナログ回路	トランジスタを使用した回路を理解し、活用することができる
		デジタル回路	A/D コンバータを用いて、論理演算を行う回路を理解し、活用することができる
		電気回路	直流回路と交流回路を用いて記載される回路を理解し、活用することができる
		抵抗・コンデンサー・コイル知識	直流回路と交流回路における抵抗・コンデンサー・コイルのふるまいを理解し、活用することができる

	教育内容	一般職 ：1年目	一般職 ：2年目	一般職 ：3年目	主任	係長	課長	部長
	設計マネジメント研修			○	○	○	○	○
	設計マネジメント研修					○	○	○
	設計マネジメント研修						○	○
	設計マネジメント研修						○	○
	設計マネジメント研修					○	○	○
	ベンチマーク研修					○	○	○
	リスクアセスメント研修					○	○	○
	問題解決手法研修	○	○	○	○	○	○	○
	マーケティング研修						○	○
	リーダーシップ研修					○	○	○
	リーダーシップ研修				○	○	○	○
	リーダーシップ研修				○	○	○	○
	対人関係強化研修					○	○	○
	対人関係強化研修						○	○
	コミュニケーション研修						○	○
	コミュニケーション研修				○	○	○	○
	図面作成研修Ｉ	○	○	○	○	○	○	○
	図面作成研修Ｉ	○	○	○	○	○	○	○
	図面作成研修Ｉ	○	○	○	○	○	○	○
	図面作成研修Ｉ	○	○	○	○	○	○	○
	図面作成研修Ｉ	○	○	○	○	○	○	○
	電気回路研修	○	○	○	○	○	○	○
	電気回路研修	○	○	○	○	○	○	○
	電気回路研修	○	○	○	○	○	○	○
	電気回路研修	○	○	○	○	○	○	○
	電気回路研修	○	○	○	○	○	○	○

表 7-2（その 2）●スキル体系（各役職の役割と責任、管理監督職要件）
（作成：筆者）

スキル視点	スキル要素内容	スキル項目	スキル項目内容
テクニカルスキル	図面要素	ダイオード・トランジスタ・オペアンプ知識	電気信号を大きくする増幅機能・電気を流したり止めたりするスイッチング機能を有する部材を理解し、活用することができる
	設計要素	寸法公差設定	性能・品質や組み立てに影響する公差を加工方法を理解した上で設定することができる
		はめあい公差設定	性能・品質や組み立てに影響する公差を加工方法を理解した上で設定することができる（穴基準にて設定する）
		幾何公差設定	性能・品質や組み立てに影響する公差を加工方法を理解した上で設定することができる
		基準点・面設定	組み立て・加工や 3DCAD の流用を考えた上で基準となる投影図の点や面を設定することができる
		加工方法	眞鍋造機で使用されている全ての加工方法を理解し、図面に活用することができる
		溶接方法	眞鍋造機で使用されている全ての溶接方法を理解し、図面に活用することができる
		歯車製図	さまざまな種類の歯車（平歯車、ウォームギヤなど）の中から適切な歯車を選択でき、活用することができる
		ばね製図	さまざまな種類のばね（引張ばね、圧縮ばねなど）の中から適切なばねを選択でき、活用することができる
		ねじ製図	さまざまな種類のねじ（中ボルト、高力ボルトなど）の中から適切なねじを選択でき、活用することができる
		構想力	まだ形として存在しないものを創造し、体系的に考え、まとめる力
		図解力	頭のアイデアを具現化し、図形として表現できる力（ポンチ絵などの作成に必要な能力）
		各設計計算	構造・強度・ねじれ計算などにより、設計した構造や機構の根拠を計算値にて算出することができる
		機構設計力	各部品が関連して動作する仕組みを創造することができる
		熱設計力	発生する熱をコントロールし、熱害を最小限にとどめることができる
		振動設計力	機械から発生する振動を抑制、もしくは吸収し、耐久性の高い製品を設計することができる
		疲労設計力	各部品の疲労限界を見極め、製品の規定内で故障しないように設計することができる
	品質要素	信頼性設計	信頼性工学の入門内容（信頼性の定義、信頼性設計の 3 大要素、バスタブ曲線など）を理解し、活用することができる
		設計品質ツール（品質企画）	DR・FTA・FMEA・DRBFM・検図を理解し、活用することができる
		製造品質ツール（品質管理）	QC 工程表・管理図など QC7 つ道具を理解する
		QMS（品質マネジメントシステム）	QMS（品質マネジメントシステム）の全体像を理解し、品質を確保することができる
	コスト要素	原価企画	目標の原価を立案することができる
		原価管理	設定した原価でものづくりを継続し、続けることができる
		コストダウン VE・VA 手法	VE・VA 手法を理解（主にコストダウン）し、実践で活用することができる

	教育内容	一般職 ：1年目	一般職 ：2年目	一般職 ：3年目	主任	係長	課長	部長
	電気回路研修	○	○	○	○	○	○	○
	図面作成研修Ⅱ	○	○	○	○	○	○	○
	図面作成研修Ⅱ	○	○	○	○	○	○	○
	図面作成研修Ⅱ	○	○	○	○	○	○	○
	図面作成研修Ⅱ	○	○	○	○	○	○	○
	図面作成研修Ⅱ	○	○	○	○	○	○	○
	図面作成研修Ⅱ	○	○	○	○	○	○	○
	図面作成研修Ⅱ	○	○	○	○	○	○	○
	図面作成研修Ⅱ	○	○	○	○	○	○	○
	図面作成研修Ⅱ	○	○	○	○	○	○	○
	機械設計研修Ⅰ		○	○	○	○	○	○
	機械設計研修Ⅰ		○	○	○	○	○	○
	機械設計研修Ⅱ			○	○	○	○	○
	機械設計研修Ⅱ			○	○	○	○	○
	機械設計研修Ⅲ				○	○	○	○
	機械設計研修Ⅲ				○	○	○	○
	機械設計研修Ⅲ				○	○	○	○
	信頼性設計研修				○	○	○	○
	信頼性設計研修				○	○	○	○
	信頼性設計研修				○	○	○	○
	信頼性設計研修				○	○	○	○
	原価企画・管理研修				○	○	○	○
	原価企画・管理研修				○	○	○	○
	設計 VE 研修				○	○	○	○

す。この「○」の内容は先ほどのスキル体系を基に検討していきます。

最後に、各スキル項目を取得するための研修内容や教育内容を記載していきます。OJTでしか取得できない内容もあるかもしれませんが、まずはスキル内容を体系的に学習するためにもOFF-JTによって教育するのがよいでしょう。その上で、その知識を実践の中で活用しながら、設計者自身で理解を深めていくことが重要です。

7.4 教育計画

スキル体系やスキル項目を決定したら、それで終わりではありません。教育内容や研修内容に基づき、各設計者に対して年間の教育計画を立案していきます。

例えば、入社1年目の設計者であれば、図面作成スキル関係が中心になるので、いつのタイミングで誰を図面作成研修に出席させるかを検討します。加えて、OFF-JTの教育計画だけではなく、研修で理解した知識を実践でどのように活用し、理解を深めていくかについての計画も立案していきます。

表7-3を確認してください。例えば、構想力であれば、まずは構想力を養うことが可能なOFF-JTに参加します。参加する設計者は、OFF-JTで学ぶ知識をすぐに実践で活用することを前提に参加しなければなりません。

その後、開発設計案件の中ですぐに実践で活用できる製品を選択して実践します。構想力の場合であれば、簡単にポンチ絵を作成することが

表 7-3 ● 教育計画表（OFF-JT と OJT）
（作成：筆者）

スキル項目	スキル内容	20XX 年									20XX 年		
		4月	5月	6月	7月	8月	9月	10月	11月	12月	1月	2月	3月
構想力	まだ形として存在しないものを創造し、体系的に考えて、まとめる力	★★ 構想設計研修への参加	★		⇨ ポンチ絵作成の勉強と○○製番での実践			★★ 3DCAD での構想設計研修への参加	★		⇨ ○○製番での実践		
コストダウン VE・VA 手法	VE・VA 手法を理解（主にコストダウン）し、実践で活用できる				★ 製造原価研修への参加	★		⇨ ○○製番の試作品見積もりで実践			★ VE 研修への参加	★	

できる状態にならなければなりません。あくまでも構想力の実践活用ですから、きれいな絵を描く必要はありません（3D-CADできれいな製品イメージを作ろうとすると、絵をきれいに描くことが目的となってしまい、構想力の実践活用から外れてしまいます）。ポンチ絵が作成できるようなったら、3D-CAD によって構想モデルを作成することができるスキルを取得し、再度実践で活用していきます。

このように、スキルには学ぶ順序があります。この順序を間違えてしまうと設計者が順調に育たなくなってしまいます。

7.5 スキルマップの運用方法

最後に、スキルマップ（スキル体系とスキル項目）の内容の進捗を確認する仕組みと、設計者が能力を身に付けたかどうかを確認する仕組み

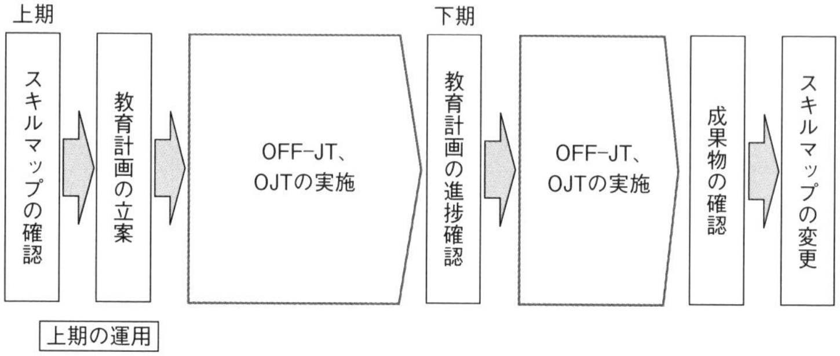

図 7-5 ●スキルマップの運用プロセス
（作成：筆者）

を構築します。図 7-5 のようなプロセスで運用していくことになります。

7.5.1 上期の運用

まずは作成したスキルマップを基に、各設計者の教育計画を期初に作成していきます。教育計画は、各グループの設計リーダーと設計者が相談して作成した後、課長に提出します。設計者は、作成された教育計画に基づいて OFF–JT を社内か社外かを問わずに受講し、OJT によって実践で活用していきます。このときに成果物として必ず保管してほしいのが、次の 2 点です。

(1) OFF–JT：受講に対するレポート

(2) OJT：OFF–JT を受講し、実践によって活用した結果（図面やドキュメント）

これらの2つの成果物が教育された結果の1つになります。

7.5.2　下期の運用

下期のスタートと同時に、課長は教育計画の進捗を確認します。計画通りに受講できなかったOFF-JTや、開発設計のタイミングによってOJTで活用できなかったなどの問題点が発生している場合があります。その場合は教育計画を修正し、下期で確実に教育が実行されるように設計者に伝える必要があります。

課長は下期の終わりに教育の成果物の確認を行い、スキルが身に付いているかどうかを判断します。ただし、課長だけの判断では難しい場合もあります。従って、設計リーダーや設計者との面談を通じて、スキルが身に付いているかどうかの判断を行います。スキルがまだ身に付いていない場合は、翌期に同様の教育が実施できるように教育計画に落とし込む必要があります。その場合は、再度OFF-JTを受講する必要はありません。OJTのみで教育計画を立案してください。

こうした運用方法を毎年続けていけば、確実にスキルアップさせることが可能です。加えて、スキルマップにより、設計者がどのようなスキルを保有しているかも一目瞭然です。

管理職は、全ての設計者の保有能力を集計し、設計部門で不足している、もしくは弱い（スキルを保有している設計者の人数が少ない）部分を補填します。具体的には、新しい人材の獲得を目指したり、教育を強化したりすることを設計部門の方針に組み込んでいきます。

設計部門が保有しているスキルは、管理職が感覚で捉えたものであるというのが、日本企業の現実です。管理職が捉えた感覚と設計現場との間にはギャップが存在しているケースは少なくありません。管理職は、スキルを明確にしてスキルマップを作成した上で、設計部門強化のための教育方針を立てなければなりません。

おわりに

本書を書き終え、開発や設計という仕事がいかに多岐に渡る仕事であり、単に設計するという能力がありさえすれば務まるという仕事ではないことを改めて痛感しています。

コンセプチュアルスキルを備えた１人の設計者であったとしても、経営者の視点や能力が一部必要です。しかし、だからこそ開発や設計は「面白い」といえます。

同じ会社の設計者でも、開発・設計に対する考え方や仕事に対するアプローチの方法は異なります。そのさまざまな考え方を１つにまとめて、製品の付加価値を最大限に高めていくのが設計マネジメントの役割です。

開発・設計の仕事に限ったことではありませんが、管理職やマネジメント職に就きたくないと考える若者が増えています。しかし、開発・設計マネジメントは、設計者が能力を高めていったその先にある非常に面白い仕事です。１人ではできることは限られています。アイデアの幅も狭まってしまうでしょう。しかし、多くの設計者を束ね、１つの製品の開発・設計を進めていくことで、１人では考えつかない、実行できない開発・設計が実現できるのです。

本書を通じて、設計マネジメントが製品を創出する無限の可能性を秘めた非常に面白い仕事であることを皆さんに知っていただき、少しでも設計マネジメントに対する迷いや悩みの解決の一助になれば幸いです。

将来の日本の製造業を強くしていくためにも、正しい設計マネジメントを実行し、世界をあっと言わせる製品を創出してください。

本書も「設計マネジメント」と同じように、多くの方々の協力の下で完成することができました。日経 BP の近岡裕さん、サンクの松岡りかさんとの出会いがなければ、私の想いを１つの書籍にまとめることはできませんでした。また、サンクの白井佐和子さんには私の想いを正確に伝えるご協力をいただきました。本当にありがとうございました。

そして、私の設計者としての原点であり師匠でもあるトヨタ自動車の先輩方、同僚の皆さんには、設計者としての「志」とマネジメントの基本を教えていただきました。言葉に尽くせないほど感謝しています。本当にお世話になりました。

最後になりますが、コンサルタントの世界に導き、あるべきマネジメントの形を教えてくれた A&M コンサルトの中山幹男社長、書籍執筆に関するさまざまなサポートをしてくれた弊社アソシエイトの首藤瞳さんに心より感謝を申し上げます。

2022 年 11 月　中山聡史

トヨタ流開発設計のススメ

設計マネジメントの教科書

2022年12月5日　第1版第1刷発行

著者　中山聡史

発行者　戸川尚樹

発行　株式会社日経BP

発売　株式会社日経BPマーケティング
〒105-8308 東京都港区虎ノ門4-3-12

編集　松岡りか、近岡 裕

デザイン　Oruha Design（新川春男）

制作　美研プリンティング株式会社

印刷・製本　図書印刷株式会社

ISBN978-4-296-20122-8

本書籍に関するお問い合わせ、ご連絡は下記にて承ります。
https://nkbp.jp/booksQA